Die spirituelle Energie des Menschen

Kapitel 1: Die Essenz der Spirituellen Energie

1.1 Definition von spiritueller Energie

1.2 Manifestationen von spiritueller Energie

1.3 Bedeutung von spiritueller Energie für das menschliche Leben

Kapitel 2: Die Ursprünge der Spirituellen Energie

2.1 Frühe menschliche Kulturen und spirituelle Praktiken

2.2 Religionen und ihre Einflüsse auf spirituelle Energie

2.3 Philosophische Ansätze zur spirituellen Energie

2.4 Naturverbundene Spiritualität und ihre Rolle in der Energiearbeit

Kapitel 3: Die Wissenschaft hinter der Spirituellen Energie

3.1 Psychologische Aspekte von spiritueller Erfahrung

3.2 Neurowissenschaftliche Perspektiven auf spirituelle Praktiken

3.3 Erforschung von Meditation und Bewusstsein

3.4 Energetische Felder und ihre Beziehung zur spirituellen Energie

Kapitel 4: Die Praxis der Spirituellen Energie

4.1 Meditationstechniken zur Aktivierung spiritueller Energie

4.2 Atemarbeit und ihre Bedeutung für die Energiearbeit

4.3 Übungen zur Stärkung der spirituellen Verbindung

4.4 Integration spiritueller Praktiken in den Alltag

Kapitel 5: Die Heilende Kraft der Spirituellen Energie

5.1 Anwendung von spiritueller Energie zur körperlichen Heilung

5.2 Spirituelle Heilung von emotionalen und psychischen Blockaden

5.3 Ethische Überlegungen im Umgang mit spiritueller Heilung

5.4 Fallstudien zur Wirksamkeit spiritueller Heilung

Kapitel 6: Die Verbindung zur Kosmischen Energie

6.1 Konzepte von Einheit und Transzendenz im spirituellen Kontext

6.2 Erforschung der Beziehung zwischen individueller und kosmischer Energie

6.3 Spirituelle Praktiken zur Vertiefung der kosmischen Verbindung

6.4 Die Suche nach spiritueller Erleuchtung und Einheit mit dem Universum

Kapitel 7: Die Ethik und Verantwortung in der Nutzung Spiritueller Energie

7.1 Ethische Überlegungen im Umgang mit spiritueller Macht

7.2 Gefahren des Missbrauchs spiritueller Energie

7.3 Richtlinien für einen verantwortungsvollen Umgang mit spiritueller Energie

7.4 Die Rolle der Gemeinschaft bei der Unterstützung ethischen Handelns

Kapitel 8: Die Zukunft der Spirituellen Energie

8.1 Technologische Entwicklungen und ihre Auswirkungen auf spirituelle Praktiken

8.2 Wissenschaftliche Fortschritte im Verständnis von spiritueller Energie

8.3 Gesellschaftliche Veränderungen und ihre Auswirkungen auf spirituelle Entwicklung

8.4 Visionen einer harmonischen Zukunft durch die Entfaltung spiritueller Energie

Abschluss: Eine Einladung zur Entdeckung Ihrer eigenen Spirituellen Energie

Abschluss 1: Ratschläge für die persönliche spirituelle Praxis

Abschluss 2: Bedeutung von Gemeinschaft und Unterstützung auf dem spirituellen Weg

Abschluss 3: Hoffnung für eine spirituelle Evolution des Individuums und der Menschheit

Kapitel 1:

Die Essenz der Spirituellen Energie

1.1 Definition von spiritueller Energie

Die Definition von spiritueller Energie ist ein tiefgründiges Konzept, das die Essenz des Lebens und der Existenz selbst berührt. Spirituelle Energie wird oft als eine universelle Kraft betrachtet, die das gesamte Universum durchdringt und alles belebt, von den kleinsten Partikeln bis hin zu den größten Galaxien. Sie ist eine Kraft, die jenseits der rein materiellen Welt existiert und eine tiefgreifende Verbindung zu den grundlegenden Schichten der Realität hat.

Auf einer grundlegenden Ebene wird spirituelle Energie als eine subtile Form von Energie betrachtet, die nicht direkt mit den herkömmlichen Sinnesorganen wahrgenommen werden kann. Sie ist nicht greifbar oder messbar im herkömmlichen Sinne, sondern manifestiert sich auf einer tieferen, feineren Ebene des Bewusstseins. Diese Form der Energie wird oft als subtile Schwingung oder Frequenz beschrieben, die den physischen Körper, den Geist und die Seele durchdringt und beeinflusst.

In verschiedenen spirituellen Traditionen und Kulturen hat spirituelle Energie unterschiedliche Namen und Konzepte. Zum Beispiel wird sie in der östlichen Philosophie oft als Prana, Chi oder Lebenskraft bezeichnet, während sie im Westen oft als spirituelle Kraft, göttliche Energie oder Heiliger Geist beschrieben wird. Trotz dieser verschiedenen Bezeichnungen teilen viele spirituelle Traditionen die grundlegende Vorstellung, dass spirituelle Energie die Quelle des Lebens und der Bewusstheit ist und eine tiefgreifende Wirkung auf das individuelle und kollektive Wohlbefinden hat.

Eine wichtige Eigenschaft von spiritueller Energie ist ihre Fähigkeit zur Transformation und Heilung. Durch den bewussten Zugang und die Nutzung dieser Energie können Menschen ihr Bewusstsein erweitern, innere Blockaden lösen und spirituelles Wachstum erfahren. Spirituelle Praktiken wie Meditation, Gebet, Yoga, Tai Chi und andere Formen der Energiearbeit werden oft verwendet, um den Fluss dieser Energie im Körper, im Geist und in der Seele zu fördern.

Spirituelle Energie wird auch oft mit einem Gefühl der Verbundenheit und Einheit mit allem Leben in Verbindung gebracht. Wenn Menschen sich mit dieser Energie verbinden, erleben sie oft ein Gefühl der Verbundenheit mit anderen Menschen, der Natur und dem Universum als Ganzes. Diese Erfahrung der Einheit kann ein tiefes Gefühl der Liebe, des Mitgefühls und der Harmonie hervorrufen, das eine transformative Wirkung auf das individuelle und kollektive Bewusstsein hat.

Insgesamt ist spirituelle Energie ein zentrales Konzept in vielen spirituellen Traditionen und Philosophien auf der ganzen Welt. Sie ist eine Kraft, die die Essenz des Lebens selbst berührt und eine tiefgreifende Wirkung auf das individuelle und kollektive Wohlbefinden hat. Durch das Verständnis und die bewusste Nutzung dieser Energie können Menschen ein tieferes Gefühl der Verbundenheit, des Friedens und der Erfüllung erfahren, das ihr Leben auf eine bedeutungsvolle und transformative Weise bereichert.

1.2 Manifestationen von spiritueller Energie

Die Welt der spirituellen Energie ist wie ein geheimnisvoller Garten, der von faszinierenden und reichhaltigen Blumen übersät ist. Jede Manifestation dieser Energie offenbart sich in einer einzigartigen Blüte, die in verschiedenen Formen und Farben erstrahlt und die Essenz einer tieferen spirituellen Realität verkörpert. In diesem mystischen Garten ist die erste Blume, die unsere Aufmerksamkeit auf sich zieht, die der inneren Ruhe und Gelassenheit. Sie blüht in einem tiefen Ozean der Stille, der nicht nur die Abwesenheit von äußeren Störungen, sondern eine tiefe Verwurzelung im gegenwärtigen Moment symbolisiert. Diese Ruhe ist wie ein sanfter Fluss, der durch das Herz eines jeden Suchenden fließt und ihn in einen Zustand der vollkommenen Harmonie mit sich selbst und der Welt um ihn herum versetzt. Während wir durch diesen mystischen Garten wandeln, entdecken wir eine weitere prächtige Blume: das erhöhte Bewusstsein und die tiefere Einsicht, die die spirituelle

Energie mit sich bringt. Diese Blume erblüht in einem Kaleidoskop von Farben und Formen und öffnet unsere Augen für die verborgenen Schätze des Lebens. Durch sie erkennen wir die subtilen Nuancen des Seins und gewinnen eine neue Perspektive, die es uns ermöglicht, die Welt mit einem offenen und klaren Geist zu betrachten. Doch die Schönheit dieses Gartens beschränkt sich nicht nur auf das Geistige; sie durchdringt auch den Körper und lässt ihn in einem Meer aus subtilen Empfindungen und Sensationen schwelgen. Von einem sanften Kribbeln entlang der Wirbelsäule bis hin zu einem warmen Gefühl der Umarmung strömt die spirituelle Energie durch jeden Zentimeter unseres Seins und erweckt unseren Körper zu neuem Leben. Während wir die Pfade dieses Gartens weiter erkunden, treffen wir auf eine weitere zauberhafte Blume: die der Liebe und des Mitgefühls. Sie erhebt sich majestätisch über die anderen Blüten und erfüllt die Luft mit ihrem süßen Duft. Durch sie öffnen sich unsere Herzen und wir erkennen die untrennbare Verbundenheit aller Lebewesen. In diesem Moment der Erkenntnis verschmelzen wir mit dem Universum und erfahren die unendliche Liebe, die in jedem von uns wohnt. Schließlich führt uns der Weg zu der geheimnisvollsten Blume des Gartens: der Blume der außergewöhnlichen Fähigkeiten und Phänomene. Sie blüht in einem funkelnden Licht und zeigt uns die unendlichen Möglichkeiten, die sich durch die Verbindung mit der spirituellen Quelle eröffnen. Von telepathischer Kommunikation bis hin zu spirituellen Visionen entfalten sich vor unseren Augen die verborgenen Kräfte, die in jedem von uns ruhen und darauf warten, entdeckt zu werden. In diesem wundersamen Garten der spirituellen Energie offenbart sich uns die wahre Essenz des Lebens. Jede Blume, die wir entdecken, führt uns näher an die Quelle aller Dinge heran und lässt uns erkennen, dass wir Teil eines größeren Ganzen sind. Möge dieser Garten immer in unseren Herzen blühen und uns auf unserem spirituellen Weg begleiten.

1.2 Bedeutung von spiritueller Energie für das menschliche Leben

Die spirituelle Energie, die das menschliche Leben durchdringt, ist von einer tiefgreifenden und weitreichenden Bedeutung, die sich in sämtlichen Aspekten unserer Existenz manifestiert. Diese Energie ist keine abstrakte Konzeption, sondern eine lebendige Kraft, die unseren Seinszustand auf fundamentalster Ebene prägt. Sie ist der unsichtbare Faden, der sich durch das Gewebe unseres Daseins zieht und uns mit den höheren Dimensionen des Universums verbindet. In unserer Suche nach einem tieferen Sinn und Zweck im Leben fungiert spirituelle Energie als Wegweiser, der uns zu einem Verständnis für die Zusammenhänge der Welt und unserer Rolle darin führt. Sie eröffnet uns ein Tor zu einer Realität jenseits des rein Materiellen und lehrt uns, dass unser Sein mehr ist als nur das Streben nach materiellen Gütern oder äußerem Erfolg. Durch spirituelle Erfahrungen und Praktiken können wir uns mit einem größeren Zweck verbunden fühlen, der uns Orientierung und Erfüllung gibt. Die spirituelle Energie ist auch der Antrieb für unser inneres Wachstum und unsere persönliche Entwicklung. Sie inspiriert uns dazu, uns selbst zu erforschen, unsere Potenziale zu entfalten und uns kontinuierlich weiterzuentwickeln. Durch spirituelle Praktiken wie Meditation, Kontemplation und innere Reflexion erweitern wir unser Bewusstsein und erfahren eine tiefgreifende Transformation auf allen Ebenen unseres Seins. Ein weiterer bedeutender Aspekt spiritueller Energie ist ihre Fähigkeit, Verbundenheit und Mitgefühl für alle Lebewesen zu fördern. Sie erinnert uns daran, dass wir alle miteinander verbunden sind und Teil eines größeren Ganzen. Durch die Verbindung mit spiritueller Energie können wir ein tieferes Verständnis für die Bedürfnisse und Gefühle anderer entwickeln und mitfühlender und liebevoller im Umgang mit uns selbst und anderen werden. Darüber hinaus ist spirituelle Energie eine kraftvolle Quelle der Heilung und Transformation. Sie kann uns dabei unterstützen, alte Wunden zu heilen, emotionale Blockaden zu lösen und uns von begrenzenden Mustern zu befreien. Indem wir uns mit spiritueller Energie verbinden, können wir uns selbst auf allen Ebenen unseres Seins heilen und transformieren und ein Leben führen, das im Einklang mit unserer wahren Natur steht. Schließlich bereichert spirituelle Energie unsere sinnliche Erfahrung des Lebens und eröffnet uns neue Dimensionen der Wahrnehmung und des Erlebens. Sie ermöglicht es uns, die Schönheit und Fülle des Lebens in all ihren Facetten zu erkennen und zu genießen. Durch die Verbindung mit spiritueller Energie entwickeln wir ein tiefes Gefühl der Dankbarkeit und des Staunens für die Wunder des Lebens und erfahren eine tiefgreifende Verbundenheit mit der Welt um uns herum.

Kapitel 2:

Die Ursprünge der Spirituellen Energie

2.1 Frühe menschliche Kulturen und spirituelle Praktiken

Frühe menschliche Kulturen waren eng mit spirituellen Praktiken verwoben, die nahezu jeden Aspekt ihres täglichen Lebens durchdrangen. Diese Praktiken waren tief in den Glaubenssystemen und der Weltanschauung dieser Gesellschaften verwurzelt und spielten eine zentrale Rolle bei der Interpretation und Bewältigung ihrer Existenz. In vielen prähistorischen Kulturen dominierten Schamanismus und animistische Glaubenssysteme. Schamanen fungierten als Vermittler zwischen der materiellen und spirituellen Welt und wurden als Träger spezieller Fähigkeiten und Wissen angesehen. Sie praktizierten Trancezustände, Rituale und Zeremonien, um mit den Geistern, Ahnen und der natürlichen Welt zu interagieren. Diese Praktiken dienten der Heilung, Prophezeiung, Jagd und dem Schutz der Gemeinschaft. Die Menschen in frühen Gesellschaften hatten eine tief verwurzelte Verehrung für die Natur. Sie glaubten, dass die Elemente, Tiere, Pflanzen und natürlichen Phänomene lebendige Wesen mit spirituellen

Eigenschaften waren. Durch Rituale, Opfergaben und Zeremonien versuchten sie, sich mit diesen spirituellen Energien zu verbinden und ihren Segen zu erhalten. Die Verehrung der Natur war nicht nur eine Quelle der Inspiration, sondern auch ein Ausdruck der Dankbarkeit und des Respekts für die lebensspendenden Kräfte der Natur. Der Ahnenkult und Totenkult waren in vielen frühen Kulturen weit verbreitet und spielten eine bedeutende Rolle im spirituellen Leben der Gemeinschaften. Die Ahnen wurden als mächtige spirituelle Wesen verehrt, die die Gemeinschaft schützten und unterstützten. Durch Rituale und Opfergaben versuchten die Menschen, eine Verbindung zu ihren Vorfahren aufrechtzuerhalten und ihren Segen und Schutz zu erhalten. Der Totenkult diente dazu, den Übergang der Verstorbenen ins Jenseits zu erleichtern und ihren Einfluss auf das Leben der Lebenden zu würdigen. Frühe menschliche Kulturen entwickelten komplexe mythologische Traditionen und spirituelle Erzählungen, die ihre Beziehung zum Göttlichen und zur Welt um sie herum reflektierten. Diese Geschichten wurden mündlich überliefert und enthielten Lehren über die Schöpfung, die Natur der Götter, die Moral und Ethik sowie den Zweck des menschlichen Lebens. Sie dienten dazu, die spirituelle Identität und Weltanschauung der Gemeinschaft zu stärken und zu festigen. Rituale und Zeremonien waren zentrale Bestandteile des spirituellen Lebens in frühen menschlichen Kulturen. Sie wurden verwendet, um wichtige Ereignisse wie Geburt, Initiation, Ehe, Tod und den Wechsel der Jahreszeiten zu markieren und zu feiern. Durch diese Rituale und Zeremonien wurden die spirituellen Werte und Traditionen der Gemeinschaft vermittelt und gelebt. Sie förderten die Zusammengehörigkeit und den Zusammenhalt innerhalb der Gemeinschaft und halfen den Menschen, sich mit den spirituellen Kräften zu verbinden, die ihr Leben prägten.

2.2 Religionen und ihre Einflüsse auf spirituelle Energie

Religionen und ihre Einflüsse auf spirituelle Energie sind ein faszinierendes und komplexes Thema, das eine Vielzahl von Aspekten umfasst. Im Laufe der Geschichte haben Religionen eine bedeutende Rolle dabei gespielt, die Wahrnehmung, Interpretation und Praxis spiritueller Energie zu formen. Eine der wesentlichen Funktionen von Religionen besteht darin, einen strukturierten Rahmen für spirituelle Praktiken bereitzustellen. Diese umfassen eine Vielzahl von Aktivitäten wie Gebete, Rituale, Meditation und Zeremonien. Diese Praktiken werden oft durch heilige Schriften, Traditionen und Lehren geleitet und dienen dazu, die Verbindung zu spirituellen Energien zu vertiefen und das individuelle und kollektive spirituelle Wachstum zu fördern. Durch die Einbindung in religiöse Gemeinschaften können Gläubige ihre spirituelle Praxis teilen, vertiefen und unterstützen. Darüber hinaus bieten Religionen Interpretationsrahmen für spirituelle Erfahrungen, die von ihren Anhängern gemacht werden. Diese Interpretationen basieren oft auf heiligen Schriften, Traditionen und theologischen Überzeugungen. Durch diese Interpretationen werden spirituelle Erfahrungen in einen größeren kosmischen Kontext eingebettet und helfen den Gläubigen, Sinn und Bedeutung in ihren eigenen spirituellen Erfahrungen zu finden. Ein weiterer wichtiger Aspekt ist die Schaffung von Ritualen und Symbolen durch Religionen. Diese dienen dazu, spirituelle Konzepte zu vermitteln und zu zelebrieren. Durch Symbole und Rituale wird die Anwesenheit von spirituellen Energien geehrt, aktiviert und kanalisiert. Sie schaffen eine Atmosphäre der Transzendenz und ermöglichen den Gläubigen, eine direkte Verbindung zu spirituellen Kräften herzustellen und zu erleben. Ein weiterer bedeutender Einfluss von Religionen liegt in der Förderung von Gemeinschaft und Gemeinschaftsgefühl. Durch die Bildung von religiösen Gemeinschaften werden Gläubige dazu ermutigt, sich gegenseitig zu unterstützen, zu stärken und zu inspirieren. Die religiöse Gemeinschaft bietet einen Raum für den Austausch von spirituellen Erfahrungen, die Unterstützung in Zeiten der Not und die Feier von spirituellen Errungenschaften. Durch gemeinsame Gebete, Rituale und soziale Veranstaltungen wird das Gemeinschaftsgefühl gestärkt und die Verbindung zu spirituellen Energien vertieft. Zuletzt vermitteln Religionen spirituelle Lehren, Prinzipien und ethische Grundsätze, die dazu beitragen, das Verhalten und die moralische Ausrichtung ihrer Anhänger zu beeinflussen. Diese Lehren können helfen, eine positive Beziehung zu spirituellen Energien zu kultivieren und das individuelle und kollektive Wohlbefinden zu fördern. Durch die Einhaltung spiritueller Lehren und Ethik können Gläubige ein harmonisches und erfülltes Leben führen, das im Einklang mit den spirituellen Prinzipien steht.

2.3 Philosophische Ansätze zur spirituellen Energie

Philosophische Ansätze zur spirituellen Energie bieten eine breite Palette von Denkweisen und Ideen, die sich über Jahrhunderte hinweg entwickelt haben. Diese Ansätze reflektieren die menschliche Neugier und das Streben nach Verständnis der metaphysischen Realitäten und der spirituellen Dimension des Lebens. Im Idealismus wird spirituelle Energie oft als ein integraler Bestandteil einer umfassenderen metaphysischen Realität betrachtet. Diese Perspektive hebt hervor, dass die materielle Welt lediglich eine Manifestation einer höheren geistigen Wirklichkeit ist, die spirituelle Energie durchdringt. Philosophen wie Plato und Hegel haben diese Perspektive entwickelt und betont, dass spirituelle Energie eine transzendente Dimension hat, die das Universum durchdringt. Sie argumentieren, dass Bewusstsein und Sinn aus dieser höheren Realität fließen. Pantheistische Ansätze sehen das Göttliche in allem und betrachten spirituelle Energie als die Essenz des Universums selbst. Diese Perspektive argumentiert, dass es keine Trennung zwischen dem Göttlichen und der Welt gibt, sondern dass alles Teil eines einzigen, allumfassenden Ganzen ist. Spirituelle Energie wird daher nicht nur in lebenden Wesen, sondern auch in der gesamten Natur und der kosmischen Realität vorhanden gesehen. Dieser Ansatz betont die Einheit und Verbundenheit aller Dinge und lehrt, dass alles im Universum göttliche Präsenz trägt. Der Vitalismus postuliert, dass spirituelle Energie eine vitale Kraft ist, die lebende Organismen belebt und antreibt. Diese Perspektive unterscheidet zwischen lebendigen und leblosen Objekten und argumentiert dafür, dass spirituelle Energie die Quelle von Lebenskraft und Vitalität ist. Vitalistische Philosophien sind oft eng mit Konzepten wie Lebensenergie, Chi oder Prana verbunden und betonen die dynamische und energetische Natur des Lebens. Sie sehen spirituelle Energie als den Antrieb hinter Wachstum, Entwicklung und Evolution. Im Existenzialismus wird die Existenz von spiritueller Energie oft aus einer persönlichen, subjektiven Perspektive betrachtet. Diese Philosophie betont die individuelle Freiheit, Verantwortung und Authentizität und legt nahe, dass spirituelle Energie aus dem persönlichen Streben nach Sinn, Werten und Selbstverwirklichung entspringt. Spirituelle Energie wird daher als eng mit der individuellen Existenz und dem Streben nach Bedeutung verbunden gesehen. Existenzialisten betonen die Notwendigkeit, die eigene Existenz und Verantwortung anzuerkennen, um eine authentische Verbindung zur spirituellen Dimension des Lebens herzustellen. Holistische Ansätze sehen spirituelle Energie als einen integralen Bestandteil eines größeren Ganzen, das aus einem Netzwerk von miteinander verbundenen Beziehungen besteht. Diese Perspektive betont die Ganzheitlichkeit und Interdependenz aller Dinge und argumentiert dafür, dass spirituelle Energie in jeder Facette des Universums präsent ist. Holistische Philosophien betonen die Bedeutung von Gleichgewicht, Harmonie und Integration für das Wohlbefinden von Individuen und der Welt. Sie sehen spirituelle Energie als den gemeinsamen Nenner, der alles miteinander verbindet und die Basis für ein gesundes und erfülltes Leben bildet.

2.4 Naturverbundene Spiritualität und ihre Rolle in der Energiearbeit

Naturverbundene Spiritualität ist ein ganzheitlicher Ansatz, der die untrennbare Verbundenheit des Menschen mit der natürlichen Welt betont. Sie erkennt die Natur nicht nur als äußere Umgebung, sondern auch als lebendiges, energetisches System an, das uns durchdringt und von dem wir ein integraler Bestandteil sind. In dieser Philosophie wird die Natur als Quelle unendlicher spiritueller Energie, Weisheit und Heilung betrachtet, und sie fördert eine tiefgreifende Wertschätzung für ihre Schönheit, Vielfalt und Komplexität. Die Praxis der naturverbundenen Spiritualität ist geprägt von Achtsamkeit und Verbundenheit mit der Natur. Dies beinhaltet das bewusste Erleben und die Ehrung der natürlichen Umgebung in all ihren Facetten. Ob durch meditative Waldspaziergänge, das Betrachten der Sterne am nächtlichen Himmel oder das Lauschen auf den Gesang der Vögel - diese Achtsamkeitspraxis ermöglicht es den Menschen, sich tief mit den ökologischen Zusammenhängen und dem Kreislauf des Lebens zu verbinden. Rituale und Zeremonien in der Natur sind ein weiterer wichtiger Bestandteil der naturverbundenen Spiritualität. Diese Praktiken dienen dazu, eine bewusste Verbindung zu den Elementen und Energien der Natur herzustellen und spirituelle Erfahrungen zu vertiefen. Sie können Meditationen, Gebete, Dankesrituale oder Zeremonien zur Reinigung und Heilung umfassen. Die natürliche Umgebung fungiert dabei als Kulisse und Quelle spiritueller Kraft, die den Praktizierenden erlaubt, sich mit der göttlichen Schöpfung zu verbinden und eine tiefere Einheit zu erfahren. Energetische Heilung mit natürlichen Ressourcen ist ein weiterer bedeutender Aspekt der naturverbundenen Spiritualität. Diese Praxis betrachtet Pflanzen, Steine, Wasser und Kräuter nicht nur als materielle Objekte, sondern auch als Träger von spiritueller Energie und Heilkraft. Durch die Anwendung dieser natürlichen Ressourcen können Heilung und Ausgleich auf körperlicher, emotionaler und spiritueller Ebene gefördert werden. Die Verwendung von Heilkräutern, ätherischen Ölen oder Kristallen ist eine bekannte Methode, um den natürlichen Heilungsprozess zu unterstützen und das Gleichgewicht wiederherzustellen. Die Verbindung zu spirituellen Führern und Kräften der Natur ist ein weiterer zentraler Aspekt der naturverbundenen Spiritualität. Viele Kulturen erkennen die Existenz von Geistern, Naturgeistern, Totemtieren oder anderen spirituellen Wesen in der Natur an. Diese Wesen werden als Vermittler von spiritueller Weisheit, Führung und Heilung betrachtet. Durch Rituale, Meditationen oder rituelle Handlungen können die Praktizierenden eine Verbindung zu diesen spirituellen Kräften herstellen und von ihrer Führung und Unterstützung profitieren. Naturverbundene Spiritualität inspiriert auch zu einem respektvollen Umgang mit der natürlichen Umwelt und zur Bewahrung ökologischer Gleichgewichte. Menschen, die sich dieser spirituellen Praxis widmen, fühlen sich verantwortlich für den Schutz und die Pflege der Natur, da sie darin eine Manifestation spiritueller Energie und Schönheit sehen. Sie engagieren sich für Umweltschutz, nachhaltige Lebensweise und den Erhalt der natürlichen Ressourcen, um die spirituelle Verbindung zur Natur zu vertiefen und zukünftigen Generationen eine intakte und lebenswerte Umwelt zu hinterlassen.

Kapitel 3:

Die Wissenschaft hinter der Spirituellen Energie

3.1 Psychologische Aspekte von spiritueller Erfahrung

Die Untersuchung der psychologischen Aspekte von spirituellen Erfahrungen eröffnet einen faszinierenden Einblick in die menschliche Psyche und ihr Streben nach spirituellem Wachstum. Diese Erfahrungen manifestieren sich in verschiedenen Formen und reichen von erweiterten Bewusstseinszuständen bis hin zur Suche nach Sinn und Bedeutung im Leben. Die transpersonale Psychologie ist ein Feld, das sich mit Zuständen des Bewusstseins befasst, die das individuelle Ego übersteigen. Durch Meditation oder spirituelle Praktiken können Menschen Momente der Einheit mit dem Universum erleben, die das Selbstkonzept, die persönliche Entwicklung und das psychische Wohlbefinden beeinflussen. Spirituelle Erfahrungen gehen oft mit einem Gefühl der Selbsttranszendenz einher, bei dem das individuelle Selbstgefühl erweitert oder aufgelöst wird. Dies kann zu einem tiefen Gefühl von Sinn und Bedeutung im Leben führen, da Menschen nach Antworten auf existenzielle Fragen über den Zweck des Lebens und die Natur des

Universums suchen. Eine wichtige psychologische Dimension von spirituellen Erfahrungen ist die Integration von Schattenaspekten des Selbst. Durch spirituelle Praktiken können Menschen verborgene oder unerwünschte Teile ihrer Psyche erkunden und einen Prozess der Selbstakzeptanz und Heilung in Gang setzen, was zu einem gesteigerten Wohlbefinden führen kann. Die Suche nach transzendentalen Erfahrungen, die intensive Freude, Ekstase oder Einheitserfahrungen umfassen, kann zu einem gesteigerten Gefühl der Lebensfreude und Erfüllung führen. Diese Erfahrungen können das Leben tiefgreifend bereichern und eine tiefere Verbindung zum Göttlichen oder zur spirituellen Realität herstellen. Schließlich können spirituelle Praktiken eine wichtige Rolle bei der Förderung von Resilienz und der Bewältigung von Stress spielen. Durch regelmäßige spirituelle Praktiken können Menschen ein gesteigertes Gefühl der Gelassenheit, inneren Ruhe und spirituellen Verbundenheit entwickeln, was ihnen hilft, Herausforderungen und Belastungen des Lebens besser zu bewältigen. Diese Fähigkeit zur Resilienz trägt zur psychischen Gesundheit und zum Wohlbefinden bei, indem sie die

Anpassungsfähigkeit und das persönliche Wachstum fördert.

3.2 Neurowissenschaftliche Perspektiven auf spirituelle Praktiken

Neurowissenschaftliche Perspektiven auf spirituelle Praktiken bieten einen tiefen Einblick in die Verbindung zwischen dem menschlichen Geist und spirituellen Erfahrungen. Diese Perspektiven untersuchen die neurobiologischen Grundlagen von Praktiken wie Meditation, Gebet und Achtsamkeit und wie sie Veränderungen im Gehirn bewirken können, die wiederum zu einer verbesserten psychischen Gesundheit und einem gesteigerten Wohlbefinden führen können. Eine aufregende Entdeckung in der Neurowissenschaft ist die Neuroplastizität, die die Fähigkeit des Gehirns beschreibt, sich in Reaktion auf Erfahrungen zu verändern. Spirituelle Praktiken wie Meditation haben gezeigt, dass sie neuroplastische Veränderungen bewirken können, indem sie bestimmte Gehirnregionen, die mit Aufmerksamkeit, Emotionsregulation und Selbstwahrnehmung verbunden sind, verstärken. Diese Veränderungen können zu einer verbesserten kognitiven Funktion, emotionalen Regulation und einem gesteigerten

Gefühl des Wohlbefindens führen. Darüber hinaus können spirituelle Praktiken die Aktivität des Default-Mode-Netzwerks (DMN) des Gehirns beeinflussen. Das DMN ist ein Netzwerk von Gehirnregionen, das aktiv ist, wenn wir uns nicht auf eine spezifische Aufgabe konzentrieren. Durch Meditation kann die Aktivität dieses Netzwerks reduziert werden, was mit einem verringerten Grübeln, einer verbesserten Aufmerksamkeit und einem erhöhten Gefühl der inneren Ruhe verbunden ist. Spirituelle Praktiken können auch das Belohnungssystem des Gehirns aktivieren, was zur Freisetzung von Neurotransmittern wie Dopamin führt. Diese Veränderungen sind mit einem gesteigerten Glücksempfinden und Wohlbefinden verbunden. Studien haben gezeigt, dass Meditation und Gebet zu einer erhöhten Aktivität in den Bereichen des Gehirns führen können, die mit Belohnung und positiven Emotionen verbunden sind. Eine bemerkenswerte Wirkung spiritueller Praktiken ist ihre Fähigkeit, die Stressreaktion des Gehirns zu modulieren. Durch die Aktivierung des parasympathischen Nervensystems und die Verringerung der Aktivität des sympathischen Nervensystems können sie zu einer gesteigerten Entspannung und einem erhöhten Gefühl der inneren Ruhe führen. Darüber hinaus können sie die Regulation emotionaler Reaktionen verbessern, indem sie die Aktivität von Gehirnregionen reduzieren, die mit Angst und Stress verbunden sind, und die Aktivität von Regionen erhöhen, die mit Emotionsregulation und Mitgefühl verbunden sind. Einige spirituelle Praktiken können auch die Wahrnehmung von Zeit und Raum verändern, indem sie die Aktivität von Gehirnregionen beeinflussen, die mit der Verarbeitung von Zeit und Raum verbunden sind. Meditation und ähnliche Praktiken können zu einem veränderten Zeitgefühl führen, bei dem die Zeit langsamer zu vergehen scheint oder gar keine Rolle mehr spielt. Darüber hinaus können sie zu einem veränderten Raumgefühl führen, bei dem das Gefühl der räumlichen Trennung zwischen dem Selbst und der Umgebung verringert wird. Diese Erklärungen zu neurowissenschaftlichen Perspektiven auf spirituelle Praktiken verdeutlichen die bemerkenswerten Fähigkeiten des Gehirns zur Anpassung und Veränderung in Reaktion auf spirituelle Erfahrungen. Sie bieten Einblicke in die neurobiologischen Mechanismen, die spirituellen

Praktiken zugrunde liegen, und zeigen, wie diese Praktiken das Gehirn verändern können, um das psychische Wohlbefinden, die emotionale Regulation und das Glücksempfinden zu fördern.

3.3 Erforschung von Meditation und Bewusstsein

. Die Erforschung von Meditation und Bewusstsein ist ein faszinierendes und wichtiges Forschungsgebiet, das sich ständig weiterentwickelt. Wissenschaftler aus verschiedenen Disziplinen arbeiten zusammen, um die tieferen Mechanismen und Effekte von meditativen Praktiken zu verstehen. Dabei werden moderne Forschungsmethoden wie bildgebende Verfahren und neurophysiologische Analysen verwendet, um die Auswirkungen von Meditation auf das Gehirn und das Verhalten zu untersuchen. Eine bedeutende Entdeckung ist die Neuroplastizität des Gehirns, die zeigt, dass Meditation die Hirnstruktur beeinflussen kann. Bestimmte Gehirnregionen, die mit Aufmerksamkeit, Emotionsregulation und Selbstwahrnehmung verbunden sind, werden durch Meditation gestärkt. Diese Veränderungen können zu einer verbesserten kognitiven Funktion und einem gesteigerten Wohlbefinden führen. Zusätzlich hat die Forschung gezeigt, dass Meditation auch das Immunsystem stärken kann. Regelmäßige Meditation kann die

Aktivität bestimmter Immunzellen erhöhen und zu einer verbesserten Immunantwort auf Infektionen führen. Langzeitstudien haben gezeigt, dass regelmäßige Meditation zu einem höheren Maß an emotionaler Stabilität, Resilienz und Lebenszufriedenheit führen kann. Dies deutet darauf hin, dass Meditation nicht nur kurzfristige, sondern auch langfristige positive Effekte auf das Wohlbefinden haben kann. Ein interessanter Aspekt der Erforschung von Meditation betrifft die Untersuchung verschiedener Meditationspraktiken und ihrer jeweiligen Effekte. Es gibt eine Vielzahl von Meditationsformen, darunter Achtsamkeitsmeditation, Loving-Kindness-Meditation, Transzendentale Meditation und viele mehr. Jede Praxis hat ihre eigenen spezifischen Techniken und Ziele, und die Forschung zielt darauf ab, die einzigartigen Auswirkungen jeder Praxis auf das Gehirn und den Geist zu verstehen. Insgesamt bietet die Forschung zu Meditation und Bewusstsein spannende Einblicke in die inneren Mechanismen des menschlichen Geistes und dessen Fähigkeit zur Veränderung und Entwicklung. Diese Erkenntnisse können nicht nur dazu beitragen, die Wirksamkeit von Meditation besser zu verstehen, sondern auch neue Wege zur Förderung von psychischer und physischer Gesundheit zu erschließen.

3.4 Energetische Felder und ihre Beziehung zur spirituellen Energie

Die Erforschung energetischer Felder und ihre Beziehung zur spirituellen Energie ist äußerst komplex und vielschichtig. Sie umfasst eine breite Palette von Disziplinen wie Physik, Biologie, Medizin, Psychologie und Spiritualität. Forscher und Praktiker aus verschiedenen Bereichen haben intensiv daran gearbeitet, die subtilen Energien zu verstehen, die den menschlichen Körper und die Umwelt durchdringen. Dabei geht es darum, ein umfassendes Verständnis der Mechanismen und Effekte von energetischen Feldern zu gewinnen und ihre Beziehung zur spirituellen Dimension des menschlichen Erlebens zu erkennen. Quantenphysikalische Perspektiven bieten eine theoretische Grundlage für die Erforschung energetischer Felder. Die Quantenmechanik beschreibt, wie Energie in verschiedenen Formen und Schwingungsmustern existiert und wie diese miteinander interagieren. Diese Perspektive hat dazu geführt, dass viele Forscher die Möglichkeit untersuchen, wie diese Energieformen unser Bewusstsein und unsere

Wahrnehmung beeinflussen können. Biophysikalische Ansätze sind ebenfalls von Bedeutung, da sie sich darauf konzentrieren, wie Energie in lebenden Organismen wirkt und mit biologischen Systemen interagiert. Dabei werden energetische Felder im menschlichen Körper erforscht, um ihre Rolle bei der Regulation physiologischer Prozesse zu verstehen. Diese Forschung hat gezeigt, dass Veränderungen in diesen Feldern mit verschiedenen Aspekten der Gesundheit und des Wohlbefindens zusammenhängen können. In vielen spirituellen Traditionen wird angenommen, dass der menschliche Körper von einem unsichtbaren Feld umgeben ist, das als Aura oder Energiekörper bezeichnet wird. Diese Konzepte bieten Einblicke in die Natur der spirituellen Energie und ihre Auswirkungen auf das individuelle und kollektive Bewusstsein. Sie legen nahe, dass das Verständnis und die Pflege dieser Energiefelder wesentlich für das spirituelle Wachstum und das allgemeine Wohlbefinden sind. Alternative Heilmethoden wie die Traditionelle Chinesische Medizin oder Reiki nutzen das Verständnis von energetischen Feldern, um Krankheiten zu behandeln und das Wohlbefinden zu fördern. Diese Methoden betonen die

Bedeutung eines harmonischen Energieflusses im Körper und zielen darauf ab, Blockaden oder Ungleichgewichte in den energetischen Feldern zu lösen, um die Gesundheit wiederherzustellen. Moderne Ansätze wie die Quantenheilung und die Bewusstseinsarbeit basieren auf der Idee, dass das Bewusstsein Einfluss auf die energetischen Prozesse im Körper hat. Durch gezielte Intention und Achtsamkeit können Veränderungen in den energetischen Feldern bewirkt werden. Die Erforschung dieser Ansätze trägt dazu bei, die Rolle energetischer Felder bei der Gesundheit und Heilung zu verstehen und ihre Beziehung zur spirituellen Energie zu erkennen.

Kapitel 4:

Die Praxis der Spirituellen Energie

4.1 Meditationstechniken zur Aktivierung spiritueller Energie

Meditationstechniken zur Aktivierung spiritueller Energie repräsentieren ein breites Spektrum von Praktiken aus verschiedenen spirituellen Traditionen. Diese Praktiken, darunter Achtsamkeitsmeditation, Transzendentale Meditation, Visualisierungsmeditation, Chakrenmeditation und Kundalini-Meditation, verfolgen alle das Ziel, das individuelle Bewusstsein zu erweitern, spirituelles Wachstum zu fördern und eine tiefere Verbindung zur inneren Quelle der Weisheit und des Mitgefühls herzustellen. Die Achtsamkeitsmeditation, auch als Vipassana-Meditation bekannt, stammt aus der buddhistischen Tradition und konzentriert sich darauf, das Bewusstsein für den gegenwärtigen Moment zu schärfen. Die Transzendentale Meditation, entwickelt von Maharishi Mahesh Yogi, zielt darauf ab, inneren Frieden durch Konzentration auf ein wiederholtes Mantra zu erreichen. Die Visualisierungsmeditation nutzt die Vorstellungskraft, um eine Verbindung zur inneren spirituellen Quelle herzustellen und Heilung auf verschiedenen Ebenen zu fördern. Die Chakrenmeditation konzentriert sich auf die Energiezentren des Körpers, während die Kundalini-Meditation die schlafende spirituelle Energie erwecken soll, um ein höheres Bewusstsein zu erreichen. Diese Techniken bieten wirksame Werkzeuge zur persönlichen Entwicklung und spirituellen Transformation, wobei die Auswahl und Anwendung eine persönliche Präferenz ist, die zu den individuellen Bedürfnissen und Zielen passen sollte. Neben den spirituellen Aspekten bieten diese Meditationstechniken auch Vorteile für die körperliche Gesundheit, wie die Senkung des Blutdrucks und die Reduzierung von Stress und Angstzuständen. Es ist jedoch wichtig zu betonen, dass die regelmäßige und konsequente Praxis der Meditation entscheidend ist, um langfristige Ergebnisse zu erzielen, und dass Geduld und Ausdauer erforderlich sind, um die vollen Vorteile dieser transformierenden Praktiken zu erfahren.

4.2 Atemarbeit und ihre Bedeutung für die Energiearbeit

Atemarbeit ist eine Praxis, die in verschiedenen spirituellen Traditionen sowie in modernen therapeutischen Ansätzen verwendet wird, um das Bewusstsein zu erweitern, die Energie im Körper zu harmonisieren und zu aktivieren sowie eine tiefere Verbindung zum inneren Selbst und zur umgebenden Welt herzustellen. Die Bedeutung der Atemarbeit für die Energiearbeit ist äußerst vielschichtig und umfasst eine Reihe von Aspekten. Eine grundlegende Funktion der Atemarbeit besteht darin, das Bewusstsein zu lenken und zu fokussieren. Durch die bewusste Aufmerksamkeit auf den Atem können Praktizierende den Geist beruhigen und störende Gedanken loslassen. Dies ermöglicht es ihnen, einen Zustand tiefer Präsenz und Achtsamkeit zu erreichen, in dem sie sich vollständig auf die gegenwärtige Erfahrung konzentrieren können. Diese bewusste Lenkung des Bewusstseins ist entscheidend für die Arbeit mit spiritueller Energie, da sie es ermöglicht, eine tiefe Verbindung zu den subtilen Energien im Körper herzustellen und diese zu aktivieren. Ein weiterer wichtiger Aspekt der Atemarbeit ist die energetische Reinigung und Harmonisierung. Der Atem dient als Medium, um Energie im Körper zu bewegen, zu reinigen und zu harmonisieren. Durch bewusstes Ein- und Ausatmen können Praktizierende blockierte Energie lösen, stagnierende Muster auflösen und den Fluss der Lebensenergie im Körper wiederherstellen. Diese energetische Reinigung und Harmonisierung ist von entscheidender Bedeutung für die Förderung des Wohlbefindens und der Vitalität auf allen Ebenen des Seins. Darüber hinaus kann sie auch dazu beitragen, emotionale Blockaden zu lösen, traumatische Erfahrungen zu verarbeiten und den Körper von negativen Energien zu reinigen. Ein weiterer wichtiger Aspekt ist die Verbindung von Körper und Geist. Eine der bemerkenswertesten Eigenschaften der Atemarbeit ist ihre Fähigkeit, eine tiefere Verbindung zwischen Körper und Geist herzustellen. Indem die Aufmerksamkeit auf den Atem gelenkt wird, können Praktizierende eine bewusste Verbindung zu den körperlichen Empfindungen herstellen und eine tiefere Wahrnehmung ihres physischen Körpers entwickeln. Diese Verbindung ermöglicht es ihnen, sich bewusst zu werden, wie sich ihre Gedanken, Emotionen und körperlichen Empfindungen im Atem widerspiegeln, und eine ganzheitliche Integration von Körper, Geist und Spirit zu erreichen. Diese ganzheitliche Integration ist entscheidend für die Arbeit mit spiritueller Energie, da sie es ermöglicht, eine harmonische Beziehung zwischen allen Aspekten des Selbst herzustellen und eine tiefere Verbindung zur inneren Quelle der Weisheit und des Mitgefühls zu erreichen. Des Weiteren spielt Atemarbeit eine wichtige Rolle beim Stressabbau und der Entspannung. Eine bewusste Atempraxis kann dazu beitragen, Stress abzubauen, das Nervensystem zu beruhigen und eine tiefe Entspannung auf körperlicher, emotionaler und mentaler Ebene zu fördern. Durch das bewusste Verlangsamen und Vertiefen des Atems können Praktizierende den Zustand des autonomen Nervensystems beeinflussen und vom sympathischen (Stressreaktionsmodus) zum parasympathischen (Entspannungsmodus) Nervensystem übergehen. Dies kann dazu beitragen, die Herzfrequenz zu senken, den Blutdruck zu regulieren und das

Gefühl der Entspannung und Gelassenheit zu fördern. Darüber hinaus kann eine regelmäßige Atempraxis auch dazu beitragen, die Resilienz gegenüber Stress zu erhöhen, die psychische Gesundheit zu fördern und das allgemeine Wohlbefinden zu verbessern. Neben den genannten Aspekten spielt die Atemarbeit auch eine wesentliche Rolle bei der Erweckung spiritueller Energie und der Suche nach Erleuchtung. In vielen spirituellen Traditionen wird der Atem als Brücke zwischen dem physischen und dem spirituellen Aspekt des Seins betrachtet. Durch bewusste Atempraktiken können Praktizierende eine tiefere Verbindung zu ihrer inneren spirituellen Quelle herstellen und spirituelle Energie aktivieren und erfahren. Dies kann zu erweiterten Bewusstseinszuständen, spirituellen Einsichten und einem Gefühl der Verbundenheit mit dem Göttlichen führen. Darüber hinaus kann eine regelmäßige Atempraxis dazu beitragen, die Fähigkeit zu entwickeln, spirituelle Erfahrungen zu kultivieren und ein höheres Maß an Erleuchtung und Selbstverwirklichung zu erreichen. Zusammenfassend lässt sich sagen, dass Atemarbeit eine äußerst vielseitige und kraftvolle Praxis ist, die eine Reihe von wichtigen Funktionen erfüllt. Sie dient nicht nur der Bewusstseinslenkung und Fokussierung, sondern auch der energetischen Reinigung und Harmonisierung, der Verbindung von Körper und Geist, dem Stressabbau und der Entspannung sowie der Erweckung spiritueller Energie und der Suche nach Erleuchtung. Durch eine regelmäßige und konsequente Atempraxis können Praktizierende die verschiedenen Aspekte ihres Seins in Einklang bringen und ein tiefes Gefühl der Verbundenheit mit sich selbst und dem Universum erfahren.

4.3 Energetische Übungen zur Stärkung der spirituellen Verbindung

Energetische Übungen zur Stärkung der spirituellen Verbindung sind ein faszinierendes Feld, das eine breite Palette von Praktiken umfasst, die darauf abzielen, die Energie im Körper zu harmonisieren, zu aktivieren und zu balancieren, um eine tiefere Verbindung zur inneren Quelle der Weisheit und des Mitgefühls zu erreichen. Diese Praktiken basieren auf dem Verständnis, dass der Körper ein energetisches System ist, das von subtilen Energien durchdrungen wird, und dass durch gezielte Übungen und Techniken diese Energien bewegt, gestärkt und genutzt werden können, um spirituelles Wachstum zu fördern. Tai Chi und Qigong sind traditionelle chinesische Bewegungspraktiken, die auf dem Prinzip der Förderung des Flusses von Qi, der Lebensenergie, durch den Körper basieren. Tai Chi besteht aus fließenden Bewegungen, die in Zeitlupe und mit bewusstem Atemfluss durchgeführt werden, während Qigong eine Reihe von Atem- , Körper- und Bewegungsübungen umfasst. Beide Praktiken sind darauf ausgerichtet, die Energie im Körper zu harmonisieren, zu stärken und zu balancieren, um eine tiefere Verbindung zur inneren spirituellen Quelle herzustellen. Yoga ist eine ganzheitliche Praxis, die Körperhaltungen (Asanas), Atemtechniken (Pranayama) und Meditation kombiniert, um das körperliche, emotionale und spirituelle Wohlbefinden zu fördern. Pranayama, die bewusste Kontrolle und Lenkung des Atems, ist ein wichtiger Bestandteil der yogischen Praxis und dient dazu, die Energie im Körper zu harmonisieren und zu aktivieren. Durch das Praktizieren von Yoga und Pranayama können Praktizierende eine tiefere Verbindung zu ihrem inneren Selbst herstellen, ihre spirituelle Entwicklung fördern und ein Gefühl der Verbundenheit mit dem Universum erfahren. Neben Tai Chi und Qigong gibt es eine Vielzahl anderer meditativer Bewegungspraktiken, die darauf abzielen, die Energie im Körper zu harmonisieren und zu stärken. Dazu gehören unter anderem Aikido, eine japanische Kampfkunst, die auf dem Prinzip der harmonischen Bewegung und der Nutzung der Energie des Gegners basiert, sowie verschiedene Formen von Tanztherapie und Bewegungsmeditationen, die auf dem Prinzip der freien, intuitiven

Bewegung basieren. Diese Praktiken fördern die Selbstausdruck, das körperliche Wohlbefinden und die spirituelle Entwicklung und bieten eine kreative Möglichkeit, die Verbindung zum inneren Selbst zu vertiefen. Energetische Heiltechniken spielen ebenfalls eine wichtige Rolle bei der Stärkung der spirituellen Verbindung. Dazu gehören unter anderem Reiki, eine japanische Heilmethode, die auf der Übertragung von universeller Lebensenergie durch Handauflegen basiert, sowie verschiedene Formen von Energiearbeit und Schamanismus, die darauf abzielen, blockierte Energie zu lösen, den Energiefluss im Körper zu harmonisieren und das spirituelle Wachstum zu fördern. Diese Techniken können eine tiefgreifende Transformation und Heilung auf allen Ebenen des Seins fördern und eine tiefere Verbindung zur inneren spirituellen Quelle ermöglichen. Zusätzlich zu den körperlichen Übungen können auch Meditation und Kontemplation dazu beitragen, die spirituelle Verbindung zu stärken. Durch das Praktizieren von Meditationstechniken wie Achtsamkeitsmeditation, Transzendentale Meditation oder Visualisierungsmeditation können Praktizierende einen Zustand tiefer innerer Ruhe und Präsenz erreichen, in dem sie eine direkte Verbindung zur inneren Quelle der Weisheit und des Mitgefühls herstellen können. Darüber hinaus kann auch die Praxis der Kontemplation und des spirituellen Studiums dazu beitragen, das Bewusstsein zu erweitern, spirituelle Einsichten zu vertiefen und das spirituelle Wachstum zu fördern. Insgesamt bieten energetische Übungen eine vielfältige und ganzheitliche Herangehensweise an die Stärkung der spirituellen Verbindung. Durch die Integration von körperlichen, energetischen und mentalen Praktiken können Praktizierende eine tiefere Verbindung zu ihrem inneren Selbst herstellen, ihre spirituelle Entwicklung fördern und ein Gefühl der Verbundenheit mit dem Universum erfahren. Es ist wichtig, die verschiedenen Techniken zu erkunden und diejenigen auszuwählen, die am besten zu den individuellen Bedürfnissen und Zielen passen, um eine ganzheitliche und erfüllende spirituelle Praxis zu entwickeln.

4.4 Integration spiritueller Praktiken in den Alltag

Die Integration spiritueller Praktiken in den Alltag ist von entscheidender Bedeutung für diejenigen, die nach einem tieferen Sinn suchen und ihr spirituelles Wachstum fördern möchten. Es geht darum, spirituelle Praktiken nicht nur als isolierte Aktivitäten zu betrachten, sondern sie als lebendige und integrale Bestandteile unseres täglichen Lebens zu verstehen. Durch eine bewusste Integration können wir eine kontinuierliche Verbindung zur spirituellen Dimension unseres Seins aufrechterhalten und sie als Quelle der Inspiration, Kraft und Führung nutzen. Ein grundlegender Ansatz zur Integration spiritueller Praktiken ist die Achtsamkeit im Alltag. Achtsamkeit lädt uns ein, den gegenwärtigen Moment mit bewusster Aufmerksamkeit und Akzeptanz zu erleben. Ob wir essen, arbeiten, spazieren gehen oder mit anderen interagieren - Achtsamkeit erlaubt es uns, die Schönheit und Fülle des gegenwärtigen Moments zu erkennen und eine tiefere Verbindung zur Essenz des Lebens herzustellen. Die

Einrichtung von Morgen- und Abendritualen kann ebenfalls einen bedeutenden Beitrag zur Integration spiritueller Praktiken leisten. Diese Rituale können individuell gestaltet werden und sollten Aktivitäten wie Meditation, Gebet, Lesen inspirierender Texte oder das Führen eines Dankbarkeitstagebuchs umfassen. Sie dienen dazu, den Tag bewusst zu beginnen und zu beenden und uns daran zu erinnern, dass das Spirituelle in jedem Moment präsent ist. Regelmäßige Meditation und Gebet sind zentrale Bestandteile vieler spiritueller Traditionen. Durch diese Praktiken können wir einen Raum der Stille und inneren Einkehr schaffen, in dem wir unsere spirituelle Verbindung vertiefen und unser Bewusstsein erweitern können. Diese Praktiken können morgens, abends oder während kurzer Pausen im Verlauf des Tages durchgeführt werden, um uns zu zentrieren und zu erfrischen. Die Natur ist eine unerschöpfliche Quelle der Inspiration und spirituellen Nahrung. Indem wir Zeit im Freien verbringen, Spaziergänge machen oder die Schönheit der Natur bewundern, können wir eine tiefere Verbundenheit mit allem Leben entwickeln. Gemeinschaft und Dienst sind ebenfalls wesentliche Aspekte der

Integration spiritueller Praktiken. Durch den Austausch mit Gleichgesinnten und das Engagement in Dienstleistungen für andere können wir unsere spirituelle Entwicklung unterstützen und uns gegenseitig auf unserem Weg helfen. Die Reflexion und Selbstuntersuchung spielen eine wichtige Rolle bei der Integration spiritueller Praktiken. Indem wir regelmäßig über unsere Gedanken, Gefühle und Handlungen reflektieren, können wir unser spirituelles Wachstum fördern und unser Verständnis von uns selbst vertiefen. Kreative Ausdrucksformen wie Malen, Schreiben oder Musizieren können ebenfalls dazu beitragen, unsere Spiritualität zu vertiefen und eine tiefere Verbundenheit mit dem Leben zu erfahren. Stille und Rückzug sind weitere wichtige Elemente der spirituellen Praxis. Indem wir regelmäßig Zeit allein verbringen und uns in die Stille zurückziehen, schaffen wir Raum für innere Einkehr und Selbstreflexion. Schließlich können wir spirituelle Rituale nutzen, um Übergänge und Veränderungen in unserem Leben bewusst zu gestalten. Diese Rituale ermöglichen es uns, Abschied zu nehmen von dem, was war, und Segen zu empfangen für das, was kommt. Indem wir diese Praktiken in unseren Alltag integrieren und sie als lebendige und integrale Bestandteile unseres Lebens betrachten, können wir eine tiefere Verbindung zur spirituellen Dimension unseres Seins herstellen und ein erfülltes Leben führen, das von Bedeutung, Sinn und spirituellem Wachstum geprägt ist.

Kapitel 5:

Die Heilende Kraft der Spirituellen Energie

5.1 Anwendung von spiritueller Energie zur körperlichen Heilung

Die Anwendung von spiritueller Energie zur körperlichen Heilung ist ein faszinierendes und vielschichtiges Thema, das tief in die menschliche Geschichte und Kultur eingebettet ist. Es umfasst eine breite Palette von Praktiken, Überzeugungen und Ansätzen, die darauf abzielen, die Gesundheit und das Wohlbefinden auf einer ganzheitlichen Ebene zu fördern. In den vergangenen Jahrhunderten haben Menschen auf der ganzen Welt verschiedene Formen von spiritueller Heilung entwickelt und verfeinert, die auf unterschiedlichen philosophischen Grundlagen und kulturellen Traditionen beruhen. Diese Vielfalt spiegelt sich in den zahlreichen Methoden wider, die heute verwendet werden, von Reiki und Chakra-Arbeit bis hin zu schamanischen Heilungsritualen und energetischer Kristallarbeit. Eines der grundlegenden Konzepte in der spirituellen Heilung ist die Vorstellung, dass der Körper nicht nur aus physischen Elementen besteht, sondern auch von einer subtilen Lebensenergie durchdrungen ist, die für das Wohlbefinden und die

Gesundheit entscheidend ist. Diese Lebensenergie wird in verschiedenen Kulturen und Traditionen unter verschiedenen Namen bekannt, wie zum Beispiel Prana, Qi, Chi oder Ki. Der Zustand der Gesundheit wird oft als ein harmonischer Fluss dieser Energie durch den Körper betrachtet, während Krankheit als eine Störung oder Blockade dieses Flusses angesehen wird. Die Anwendung von spiritueller Energie zielt darauf ab, diese Blockaden zu lösen und den natürlichen Fluss der Lebensenergie wiederherzustellen, um Heilung und Wohlbefinden zu fördern. Energetische Blockaden und Ungleichgewichte im Körper können durch eine Vielzahl von Faktoren verursacht werden, darunter Stress, emotionale Belastungen, traumatische Erfahrungen, ungesunde Lebensgewohnheiten und ungünstige Umweltbedingungen. Diese Blockaden können sich auf der physischen Ebene als Schmerzen, Verspannungen oder andere Symptome manifestieren, aber sie können auch tiefer liegende Ursachen haben, die auf der emotionalen, mentalen oder spirituellen Ebene liegen. Durch die Anwendung von spiritueller Energie wird versucht, diese Blockaden auf allen Ebenen des Seins zu lösen, um eine ganzheitliche Heilung zu ermöglichen. Eine der bekanntesten und am weitesten verbreiteten Formen der spirituellen Energieheilung ist Reiki. Reiki, das aus dem Japanischen stammt und "universelle Lebensenergie" bedeutet, beruht auf der Idee, dass ein Praktizierender als Kanal für die universelle Lebensenergie fungiert und diese Energie durch Handauflegen auf den Körper des Empfängers übertragen kann. Während einer Reiki-Behandlung entspannt sich der Empfänger normalerweise tief und kann eine erhöhte Sensibilität für seine eigene Energie erleben. Viele Menschen berichten von einem Gefühl der Ruhe, Entspannung und inneren Ausgeglichenheit nach einer Reiki-Sitzung, und einige erleben auch eine Linderung von körperlichen Beschwerden oder Symptomen. Eine ähnliche Praxis ist die Arbeit mit den Chakren, den Energiezentren im Körper gemäß der östlichen Philosophie und Tradition. Es wird angenommen, dass die Chakren mit verschiedenen Aspekten des menschlichen Seins verbunden sind und einen Einfluss auf körperliche, emotionale und spirituelle Gesundheit haben. Durch gezielte Praktiken wie Meditation, Atemarbeit und

Visualisierung können die Chakren aktiviert, gereinigt und harmonisiert werden, um einen freien Energiefluss zu fördern und das allgemeine Wohlbefinden zu verbessern. Darüber hinaus können Meditation und Visualisierung auch als eigenständige Werkzeuge zur Förderung von Gesundheit und Wohlbefinden eingesetzt werden. Meditation kann helfen, den Geist zu beruhigen, Stress abzubauen und eine tiefere Verbindung zur inneren Weisheit und Heilkraft herzustellen. Visualisierungsübungen können verwendet werden, um positive Veränderungen im Körper vorzustellen und diese mit positiven Emotionen und Gefühlen zu verstärken. Durch regelmäßige Praxis können diese Techniken dazu beitragen, die Selbstheilungskräfte des Körpers zu aktivieren und das allgemeine Wohlbefinden zu fördern. Ein ganzheitlicher Ansatz zur Heilung erkennt die Wechselwirkungen zwischen Körper, Geist und Seele an und integriert verschiedene Therapien und Praktiken, um die Gesundheit auf allen Ebenen zu fördern. Dazu gehören nicht nur spirituelle Praktiken wie Energieheilung, sondern auch konventionelle medizinische Behandlungen, alternative Heilmethoden, Lebensstiländerungen,

Ernährungsumstellungen und Stressmanagement-Techniken. Indem man die Wechselwirkungen zwischen diesen verschiedenen Aspekten berücksichtigt und einen ganzheitlichen Ansatz verfolgt, kann man die besten Ergebnisse erzielen und ein Leben in Gesundheit, Harmonie und Wohlbefinden führen. In der wissenschaftlichen Gemeinschaft wird die Anwendung von spiritueller Energie zur körperlichen Heilung oft kontrovers diskutiert. Obwohl es eine wachsende Anzahl von Studien gibt, die die positiven Auswirkungen von Methoden wie Reiki und Energieheilung auf das Wohlbefinden zeigen, gibt es auch skeptische Stimmen, die die Effektivität und den Mechanismus dieser Praktiken anzweifeln. Eine umfassende Integration von spiritueller Heilung in den Bereich der evidenzbasierten Medizin erfordert daher weitere Forschung und Untersuchungen. Es ist jedoch wichtig anzuerkennen, dass die subjektiven Erfahrungen und das Empfinden der Menschen oft genauso wichtig sind wie objektive Messungen und Studien. Viele Menschen haben persönliche Erfahrungen gemacht, die ihre Überzeugung von der Wirksamkeit spiritueller Heilung unterstützen, und für sie ist dies ein wertvolles Werkzeug zur Förderung von Gesundheit und Wohlbefinden. Darüber hinaus ist es wichtig, die kulturelle Vielfalt und die unterschiedlichen Traditionen in der spirituellen Heilung anzuerkennen und zu respektieren. Was für eine Person funktioniert, mag für eine andere möglicherweise nicht geeignet sein, und es gibt keine "einheitsgroße Lösung" für alle. Indem wir die Vielfalt der menschlichen Erfahrung und die Vielfalt der spirituellen Praktiken anerkennen und wertschätzen, können wir eine Atmosphäre der Offenheit und Akzeptanz schaffen, die es Menschen ermöglicht, die Praktiken zu finden, die am besten zu ihnen passen und ihnen auf ihrem Heilungsweg dienen. Insgesamt bietet die Anwendung von spiritueller Energie zur körperlichen Heilung eine Vielzahl von Möglichkeiten und Ansätzen, um Gesundheit und Wohlbefinden auf allen Ebenen des Seins zu fördern. Durch die Integration von verschiedenen Praktiken und Techniken können Menschen ihre Selbstheilungskräfte aktivieren und ein Leben in Harmonie, Gesundheit und innerer Ausgeglichenheit führen. Es ist eine Reise des persönlichen Wachstums und der Selbstentdeckung, die es den Menschen ermöglicht, sich mit ihrer inneren Weisheit und Heilkraft zu verbinden und ein Leben voller Vitalität und Lebensfreude zu führen.

5.2 Spirituelle Heilung von emotionalen und psychischen Blockaden

Die spirituelle Heilung von emotionalen und psychischen Blockaden ist zweifellos ein tiefgründiger Prozess, der den gesamten Menschen - Körper, Geist und Seele - anspricht. Um dieses Thema ausführlich zu behandeln, werden wir verschiedene Aspekte und Ansätze betrachten, die in dieser Art der Heilung eine Rolle spielen. Der erste Schritt bei der spirituellen Heilung von emotionalen und psychischen Blockaden ist das Erkennen und Verstehen dieser Blockaden. Diese können aus einer Vielzahl von Faktoren entstehen, einschließlich traumatischer Erfahrungen, unverarbeiteter Emotionen, belastender Glaubenssätze, zwischenmenschlicher Konflikte und sogar genetischer Veranlagungen. Ein tiefgründiger Blick auf die eigenen Lebenserfahrungen, unterstützt durch therapeutische Interventionen, Selbsterforschung und spirituelle Praktiken wie Meditation und Innenschau, ermöglicht es, die zugrunde liegenden Ursachen der

Blockaden zu erkennen und zu verstehen. Ein wesentlicher Bestandteil der spirituellen Heilung von emotionalen und psychischen Blockaden liegt in der bewussten Auseinandersetzung mit den eigenen Gefühlen, Gedanken und Erfahrungen. Dies beinhaltet auch die Akzeptanz und Integration dieser Aspekte des Selbst, ohne Urteil oder Ablehnung. Durch das bewusste Wahrnehmen und Annehmen unserer inneren Prozesse schaffen wir einen Raum der Heilung und Transformation, in dem alte Wunden geheilt und neue Wege des Seins erschlossen werden können. Die spirituelle Heilung von emotionalen und psychischen Blockaden beinhaltet oft die Suche nach einer tieferen Verbindung zur inneren Quelle der Weisheit und des Mitgefühls, die in jedem von uns existiert. Durch spirituelle Praktiken wie Meditation, Gebet, Kontemplation oder rituelle Rituale können wir uns mit unserer inneren spirituellen Essenz verbinden und eine Quelle der Unterstützung und Führung finden, die uns auf unserem Heilungsweg leitet. Viele spirituelle Traditionen und Praktiken bieten Methoden zur energetischen Heilung und spirituellen Transformation an. Dazu gehören Techniken wie Reiki, Chakra-Arbeit, schamanische Reisen, spirituelle Rituale oder Gebete. Diese Praktiken zielen darauf ab, energetische Blockaden zu lösen, den Energiefluss im Körper auszugleichen und die Selbstheilungskräfte des Geistes und der Seele zu aktivieren. Durch die Anwendung dieser Praktiken können tiefgreifende Transformationen auf emotionaler und psychischer Ebene stattfinden. Die spirituelle Heilung von emotionalen und psychischen Blockaden erfordert Zeit, Geduld und Selbstfürsorge. Es ist wichtig, dass wir uns selbst mit Mitgefühl und Freundlichkeit begegnen und uns die nötige Zeit geben, um zu heilen. Dies kann bedeuten, dass wir uns regelmäßig Zeit für spirituelle Praktiken nehmen, uns mit unterstützenden Gemeinschaften verbinden oder professionelle Hilfe in Anspruch nehmen, wenn dies erforderlich ist. Indem wir uns bewusst um unser emotionales und psychisches Wohlbefinden kümmern, können wir einen Raum der Heilung und Integration schaffen, in dem wir uns ganz und vollständig fühlen können. Um die spirituelle Heilung von emotionalen und psychischen Blockaden umfassend zu verstehen, ist es wichtig, tiefergehend auf die verschiedenen Arten von Blockaden einzugehen, die auftreten können. Dies beinhaltet die Untersuchung spezifischer Traumata, die Entwicklung belastender Glaubenssätze, die Dynamik zwischenmenschlicher Beziehungen sowie die Auswirkungen von Umweltfaktoren auf unsere psychische Gesundheit. Durch eine umfassende Analyse dieser Aspekte können wir ein tieferes Verständnis für die Ursachen und Auswirkungen unserer Blockaden entwickeln und gezieltere Heilungsansätze entwickeln. Traumatische Erfahrungen spielen oft eine entscheidende Rolle bei der Entstehung emotionaler und psychischer Blockaden. Diese können von frühen Kindheitstraumata bis hin zu traumatischen Ereignissen im Erwachsenenalter reichen und haben oft langanhaltende Auswirkungen auf unser psychisches Wohlbefinden. Eine eingehende Betrachtung der individuellen Traumageschichte, unterstützt durch therapeutische Interventionen wie Traumatherapie oder EMDR (Eye Movement Desensitization and Reprocessing), kann entscheidend sein, um traumatische Blockaden zu überwinden und den Weg zur Heilung zu ebnen. Darüber hinaus können kulturelle und gesellschaftliche Einflüsse eine bedeutende Rolle bei der Entstehung und Aufrechterhaltung emotionaler und psychischer Blockaden spielen. Bestimmte gesellschaftliche Normen, kulturelle Erwartungen und soziale Strukturen können dazu führen, dass Menschen sich in ihrem Ausdruck eingeschränkt fühlen oder bestimmte Emotionen und Erfahrungen unterdrücken. Eine kritische Reflexion über diese Einflüsse und ihre Auswirkungen auf unser psychisches Wohlbefinden kann helfen, verborgene Blockaden zu identifizieren und den Weg für eine tiefgreifende Heilung zu ebnen. Ein wichtiger Bestandteil der spirituellen Heilung von emotionalen und psychischen Blockaden ist die kontinuierliche Selbstreflexion und Selbsterkenntnis. Durch die Auseinandersetzung mit unseren Gedanken, Gefühlen und Verhaltensweisen können wir verborgene Muster und Blockaden erkennen, die uns daran hindern, unser volles Potenzial zu entfalten. Spirituelle Praktiken wie Meditation, Journaling und Selbstreflexion unterstützen uns dabei, eine tiefere Verbindung zu unserem inneren Selbst herzustellen und einen Raum der Heilung und Transformation zu schaffen. Die spirituelle Heilung von emotionalen und psychischen Blockaden strebt nach einer ganzheitlichen Integration von Körper, Geist und Seele. Dies bedeutet, dass wir nicht nur auf der emotionalen und psychischen Ebene heilen, sondern auch unseren Körper und unsere spirituelle Dimension in den Heilungsprozess einbeziehen. Durch ganzheitliche Ansätze wie Yoga, Atemarbeit und achtsame Bewegungspraktiken können wir den Energiefluss im Körper harmonisieren und eine tiefe Verbindung zu unserem inneren Selbst herstellen. Spirituelle Heilung findet oft in einem unterstützenden Gemeinschaftskontext statt, in dem Menschen sich gegenseitig auf ihrem Heilungsweg unterstützen und ermutigen können. Die Teilnahme an spirituellen Gemeinschaften, Selbsthilfegruppen oder therapeutischen Kreisen kann eine wertvolle Unterstützung bieten und den Heilungsprozess beschleunigen. Durch den Austausch von Erfahrungen, die gegenseitige Unterstützung und das gemeinsame Praktizieren spiritueller Techniken können wir uns verbundener und gestärkter fühlen auf unserem Weg der spirituellen Heilung. Ein wichtiger Aspekt der spirituellen Heilung von emotionalen und psychischen Blockaden ist die Hingabe an den Heilungsprozess und das Vertrauen in den eigenen inneren Heiler. Dies erfordert Mut, Geduld und die Bereitschaft, sich auf den Prozess der Transformation einzulassen, auch wenn er manchmal herausfordernd oder unvorhersehbar erscheint. Durch Hingabe und Vertrauen können wir uns dem Fluss des Lebens hingeben und uns von der inneren Führung unseres spirituellen Selbst leiten lassen. Insgesamt ist die spirituelle Heilung von emotionalen und psychischen Blockaden ein facettenreicher und tiefgreifender Prozess, der den gesamten Menschen anspricht und nach einer ganzheitlichen Integration von Körper, Geist und Seele strebt. Durch das Erkennen und Verstehen unserer Blockaden, die bewusste Transformation durch Bewusstsein und Akzeptanz, die Verbindung zur inneren Quelle der Weisheit und des Mitgefühls, die Anwendung energetischer Heilungstechniken und spiritueller Praktiken, die Integration und Selbstfürsorge, die tiefergehende Analyse der Blockaden, die Reflexion über kulturelle und gesellschaftliche Einflüsse, die kontinuierliche Selbstreflexion und Selbsterkenntnis, die ganzheitliche Integration von Körper, Geist und Seele, die Unterstützung durch Gemeinschaft und die Hingabe an den Heilungsprozess können wir einen Raum der Heilung und Transformation schaffen, in dem wir uns ganz und vollständig fühlen können.

5.3 Ethische Überlegungen im Umgang mit spiritueller Heilung

Es ist wichtig zu betonen, dass ethische Überlegungen im Bereich der spirituellen Heilung von grundlegender Bedeutung sind. Durch eine umfassende Analyse und Vertiefung dieser ethischen Aspekte können spirituelle Heiler sicherstellen, dass ihre Praxis auf einem Fundament von Respekt, Integrität und Verantwortung beruht. In diesem erweiterten Text werden wir uns detaillierter mit den einzelnen ethischen Prinzipien und deren Implikationen auseinandersetzen, um ein tieferes Verständnis für die Bedeutung dieser Prinzipien zu entwickeln. Respekt vor der Autonomie und Würde des Klienten bildet das Rückgrat ethischer Praktiken in der spirituellen Heilung. Die Achtung der Autonomie und Würde des Klienten bedeutet nicht nur, die Entscheidungen des Klienten zu respektieren, sondern auch sicherzustellen, dass der Klient umfassend informiert ist und in der Lage ist, informierte Entscheidungen zu treffen. Dazu gehört auch, den Klienten darüber aufzuklären, was sie während einer spirituellen Heilsitzung erwarten können, und sicherzustellen, dass sie ihre Zustimmung frei und ohne Druck geben. Es ist wichtig zu erkennen, dass die Autonomie des Klienten nicht nur das Recht auf Zustimmung, sondern auch das Recht auf Ablehnung umfasst. Ein ethischer spiritueller Heiler respektiert die Entscheidung des Klienten, eine Heilsitzung abzubrechen oder abzulehnen, und übt keinen Druck aus, um sie zu überzeugen, weiterzumachen. Darüber hinaus bedeutet der Respekt vor der Würde des Klienten, dass der Heiler den Klienten als gleichwertige Partner in ihrem Heilungsprozess betrachtet und sie nicht herabsetzt oder entmündigt. Jeder Klient verdient es, mit Respekt und Würde behandelt zu werden, unabhängig von seinem Hintergrund oder seinen Überzeugungen. Ein ethischer spiritueller Heiler ist sich der Grenzen seiner eigenen Fähigkeiten und Kompetenzen bewusst und handelt entsprechend verantwortungsvoll. Dies bedeutet, dass der Heiler bereit ist, Klienten gegebenenfalls an andere Fachleute zu verweisen, wenn ihre Bedürfnisse außerhalb seines Fachbereichs liegen. Es ist wichtig zu akzeptieren, dass spirituelle Heilung nicht für jedes Problem oder jede Situation die geeignete Lösung ist, und dass andere Formen der Unterstützung möglicherweise erforderlich sind. Darüber hinaus ist es wichtig, dass der Heiler ehrlich und transparent über seine Fähigkeiten und Methoden ist und keine falschen Versprechungen macht. Das Schaffen realistischer Erwartungen bei den Klienten ist entscheidend, um Enttäuschungen und Missverständnisse zu vermeiden. Ein ethischer Heiler ist sich bewusst, dass er die Verantwortung für das Wohlergehen seiner Klienten trägt und keine Handlungen vornimmt, die ihrem Wohl schaden könnten. Des Weiteren ist es wichtig, dass der Heiler sich kontinuierlich weiterbildet und seine Fähigkeiten und Kenntnisse aktualisiert, um den sich wandelnden Bedürfnissen seiner Klienten gerecht zu werden. Die Bereitschaft zur persönlichen und beruflichen Entwicklung ist ein wesentlicher Bestandteil einer ethischen Praxis in der spirituellen Heilung. Transparenz und Offenheit sind grundlegende Prinzipien ethischer Kommunikation zwischen spirituellen Heilern und ihren Klienten. Ein ethischer Heiler informiert seine Klienten klar und verständlich über seine Methoden, Techniken und etwaige Kosten. Dies ermöglicht es den Klienten, informierte Entscheidungen zu treffen und sicherzustellen, dass keine unerwarteten Überraschungen auftreten. Darüber hinaus schafft Transparenz eine Atmosphäre des Vertrauens zwischen Heiler und Klient, in der offene Kommunikation und gegenseitiges Verständnis gefördert werden. Der Heiler sollte bereit sein, Fragen der Klienten zu beantworten und ihre Bedenken ernst zu nehmen, ohne sie abzutun oder herunterzuspielen. Offenheit schafft eine Basis für eine gesunde und unterstützende therapeutische Beziehung, die für den Erfolg des Heilungsprozesses entscheidend ist. Es ist auch wichtig zu betonen, dass Transparenz nicht nur die Kommunikation über die angewandten Methoden umfasst, sondern auch die Offenlegung von potenziellen Risiken und Nebenwirkungen. Ein ethischer Heiler informiert seine Klienten über mögliche Risiken und hilft ihnen dabei, fundierte Entscheidungen über ihre Teilnahme an spirituellen Heilsitzungen zu treffen. Ausbeutung und Abhängigkeiten sind ernsthafte ethische Bedenken im Kontext der spirituellen Heilung, da Klienten möglicherweise in einer vulnerablen Position sind und besonderen Schutz benötigen. Ein ethischer Heiler ist sich dieser Dynamik bewusst und setzt klare Grenzen, um sicherzustellen, dass keine Ausbeutung oder Abhängigkeiten entstehen. Dies bedeutet, dass der Heiler keine finanziellen, emotionalen oder sexuellen Vorteile aus der Beziehung zu seinen Klienten zieht und keine Handlungen vornimmt, die ihre Abhängigkeit von ihm fördern könnten. Stattdessen strebt ein ethischer Heiler danach, eine professionelle Beziehung zu seinen Klienten aufzubauen, die von gegenseitigem Respekt, Vertrauen und Wertschätzung geprägt ist. Darüber hinaus ist es wichtig, dass der Heiler sich bewusst ist, dass seine Klienten möglicherweise vulnerable Personen sind, die besonderen Schutz benötigen. Dies erfordert Sensibilität und Empathie seitens des Heilers, um sicherzustellen, dass die Bedürfnisse und Grenzen der Klienten respektiert werden und dass ihre Sicherheit und Wohlbefinden stets an erster Stelle stehen. In einer zunehmend vielfältigen Gesellschaft ist es unerlässlich, dass spirituelle Heiler kulturelle Sensibilität und Respekt vor Vielfalt zeigen. Dies bedeutet, dass sie sich der unterschiedlichen kulturellen Hintergründe und Glaubenssysteme ihrer Klienten bewusst sind und bereit sind, sich auf deren Bedürfnisse und

Überzeugungen einzustellen. Ein ethischer Heiler vermeidet kulturelle Anmaßung und respektiert die religiösen Überzeugungen seiner Klienten, auch wenn sie sich von seinen eigenen unterscheiden. Er erkennt an, dass es verschiedene Wege zur spirituellen Erfüllung gibt und dass es wichtig ist, die individuellen Überzeugungen und Praktiken der Klienten zu respektieren und zu unterstützen. Darüber hinaus kann kulturelle Sensibilität dazu beitragen, Missverständnisse und Konflikte zu vermeiden und eine Atmosphäre des Vertrauens und der Zusammenarbeit zwischen Heiler und Klient zu fördern. Ein ethischer Heiler bemüht sich aktiv um interkulturelle Kompetenz und ist offen für den Austausch mit Klienten aus verschiedenen kulturellen Hintergründen. Vertraulichkeit und Datenschutz sind wesentliche Aspekte ethischer Praktiken in der spirituellen Heilung. Ein ethischer Heiler wahrt die Vertraulichkeit aller Gespräche und Informationen, die während einer Heilsitzung ausgetauscht werden, und teilt keine persönlichen Informationen ohne die ausdrückliche Zustimmung des Klienten. Dies bedeutet, dass der Heiler angemessene Maßnahmen zum Schutz der Privatsphäre seiner Klienten ergreift, einschließlich der

Aufbewahrung von Aufzeichnungen und Informationen in sicheren und geschützten Umgebungen. Der Heiler sollte auch sicherstellen, dass alle Mitarbeiter oder Assistenten, die Zugang zu vertraulichen Informationen haben, sich der Bedeutung von Vertraulichkeit und Datenschutz bewusst sind und entsprechend handeln. Darüber hinaus ist es wichtig, dass der Heiler den Klienten klar darüber informiert, wie ihre Informationen verwendet werden und wer darauf Zugriff hat. Dies schafft Vertrauen und Sicherheit und ermöglicht es den Klienten, sich frei zu öffnen und ihre persönlichen Herausforderungen zu besprechen, ohne Angst vor einem Verstoß gegen ihre Privatsphäre haben zu müssen. Eine Möglichkeit, die ethischen Standards in der spirituellen Heilung zu fördern, besteht darin, Berufsstandards und Zertifizierungsverfahren zu etablieren. Dies kann dazu beitragen, eine einheitliche Basis für die Ausübung der spirituellen Heilung zu schaffen und sicherzustellen, dass Praktizierende über angemessene Ausbildung und Qualifikationen verfügen. Zertifizierungsstellen können Ethikkodizes und Schulungsprogramme entwickeln, die sicherstellen, dass spirituelle Heiler die erforderlichen ethischen Grundsätze verstehen und anwenden können. Die Einrichtung von Supervisions- und kollegialen Beratungsstrukturen kann spirituellen Heilern eine Möglichkeit bieten, ethische Herausforderungen zu reflektieren und Unterstützung bei der Entscheidungsfindung zu erhalten. Durch regelmäßige Supervisionssitzungen können Heiler ihre Praxis reflektieren, ethische Dilemmata besprechen und Feedback von erfahrenen Kollegen erhalten. Diese Strukturen fördern eine Kultur des Lernens und der kontinuierlichen Verbesserung, die dazu beiträgt, ethische Standards in der spirituellen Heilung aufrechtzuerhalten. Eine interprofessionelle Zusammenarbeit zwischen spirituellen Heilern und anderen Gesundheitsdienstleistern kann dazu beitragen, ethische Herausforderungen zu bewältigen und die Qualität der Versorgung zu verbessern. Durch den Austausch von Wissen und Erfahrungen können verschiedene Fachleute gemeinsam daran arbeiten, die Bedürfnisse der Klienten umfassend zu adressieren und sicherzustellen, dass die spirituelle Heilung in den größeren Kontext der Gesundheitsversorgung integriert ist. Diese Zusammenarbeit kann auch dazu beitragen, Vorurteile abzubauen und das Verständnis für die verschiedenen Ansätze zur Gesundheitsförderung zu vertiefen. Eine evidenzbasierte Forschung und Evaluation im Bereich der spirituellen Heilung kann dazu beitragen, ethische Praktiken zu fördern und die Wirksamkeit verschiedener Ansätze zu untersuchen. Durch die Durchführung von Studien zu ethischen Fragen und deren Auswirkungen auf die Klientenergebnisse können spirituelle Heiler fundierte Entscheidungen treffen und ihre Praxis kontinuierlich verbessern. Forschung kann auch dazu beitragen, Missverständnisse über spirituelle Heilung aufzuklären und das Bewusstsein für ihre Rolle im Gesundheitssystem zu stärken. Die Einbeziehung von Klientenfeedback in die Weiterentwicklung ethischer Standards kann dazu beitragen, die Bedürfnisse und Perspektiven der Klienten besser zu verstehen und die Qualität der Versorgung zu verbessern. Durch die regelmäßige Bewertung der Zufriedenheit der Klienten und die Berücksichtigung ihrer Anliegen können spirituelle Heiler ihre Praxis an die Bedürfnisse ihrer Klienten anpassen und sicherstellen, dass ihre Dienstleistungen respektvoll und effektiv sind. Die Integration von ethischen Grundsätzen in die Ausbildung von spirituellen Heilern ist entscheidend, um sicherzustellen, dass sie die Bedeutung ethischer Praktiken verstehen und in der Lage sind, sie in ihrer täglichen Arbeit umzusetzen. Ausbildungsprogramme können Kurse zu ethischen Fragestellungen anbieten und Fallstudien verwenden, um Heiler auf verschiedene ethische Dilemmata vorzubereiten, denen sie in ihrer Praxis begegnen könnten. Darüber hinaus können praktische Übungen und Supervisionssitzungen den Studierenden helfen, ethische Entscheidungsfindungsfähigkeiten zu entwickeln und ihre Fähigkeit zur Reflexion zu stärken. Die Öffentlichkeitsarbeit und Advocacy-Arbeit können dazu beitragen, das Bewusstsein für die Bedeutung ethischer Praktiken in der spirituellen Heilung zu schärfen und die Rechte und Bedürfnisse der Klienten zu schützen. Durch die Bereitstellung von Informationen über ethische Standards und die Förderung von Richtlinien zur Regulierung der Branche können spirituelle Heiler und ihre Verbände dazu beitragen, Vertrauen in ihre Dienstleistungen aufzubauen und die öffentliche Unterstützung für ihre Arbeit zu gewinnen. Insgesamt sind ethische Überlegungen im Umgang mit spiritueller Heilung von entscheidender Bedeutung, um sicherzustellen, dass die Praxis auf einem Fundament von Respekt, Integrität und Verantwortung basiert. Durch die Einhaltung ethischer Grundsätze können spirituelle Heiler eine sichere und unterstützende Umgebung für ihre Klienten schaffen und dazu beitragen, dass spirituelle Heilung eine positive und bereichernde Erfahrung ist.

5.4 Fallstudien zur Wirksamkeit spiritueller Heilung

Die Fallstudien zur Wirksamkeit spiritueller Heilung bieten eine faszinierende und tiefgründige Erforschung der individuellen Erfahrungen von Klienten, die sich spirituellen Praktiken zugewandt haben, um verschiedene Herausforderungen zu bewältigen und ihre Lebensqualität zu verbessern. Diese Fallstudien ermöglichen nicht nur einen detaillierten Einblick in die Prozesse, Mechanismen und Ergebnisse spiritueller Heilung, sondern dienen auch als Quelle der Inspiration und des Lernens für spirituelle Heiler, Forscher und Interessierte. Die einführende Beschreibung jedes Falles bietet nicht nur Hintergrundinformationen über den Klienten, sondern kann auch den Kontext der spirituellen Heilung tiefer beleuchten. Dabei kann es hilfreich sein, die familiäre Situation, frühere Erfahrungen mit traditioneller Medizin oder Psychotherapie sowie persönliche Glaubenssysteme und Weltanschauungen zu berücksichtigen. Ein umfassendes Verständnis des individuellen Hintergrunds des

Klienten ist entscheidend, um die Wirksamkeit spiritueller Heilung angemessen beurteilen zu können. Eine ausführliche Darstellung der Symptome und Herausforderungen kann durch die Einbeziehung von Interviews mit dem Klienten und gegebenenfalls auch mit seinen Angehörigen oder Betreuern ergänzt werden. Dies ermöglicht nicht nur eine objektivere Bewertung der Ausgangssituation, sondern trägt auch dazu bei, potenzielle Veränderungen im Verlauf der Behandlung besser zu dokumentieren. Darüber hinaus können relevante medizinische oder psychologische Befunde integriert werden, um ein umfassendes Bild der individuellen Bedürfnisse des Klienten zu zeichnen. Die Beschreibung der angewandten spirituellen Praktiken und Methoden sollte nicht nur ihre Art und Weise, sondern auch ihre Intensität, Dauer und Häufigkeit umfassen. Darüber hinaus können Informationen über die Ausbildung und Erfahrung des spirituellen Heilers sowie über eventuelle Anpassungen der Methoden im Verlauf der Behandlung von Interesse sein. Die Integration von Fallbeispielen oder Zitaten des Klienten, die seine subjektiven Erfahrungen mit den angewandten Praktiken widerspiegeln, verleiht der Fallstudie zusätzliche Tiefe und Authentizität. Die Dokumentation der erlebten Veränderungen und Ergebnisse kann durch die Verwendung standardisierter Messinstrumente wie Fragebögen oder Skalen ergänzt werden, um eine quantitative Bewertung der Wirksamkeit der spirituellen Heilung zu ermöglichen. Darüber hinaus können longitudinale Verlaufsdaten verwendet werden, um den langfristigen Einfluss der Behandlung auf die Lebensqualität und das Wohlbefinden des Klienten zu erfassen. Es ist wichtig, sowohl positive als auch negative Ergebnisse zu berücksichtigen und mögliche Gründe für das Nichtansprechen auf die Behandlung zu analysieren. Die abschließende Reflexion über die Wirksamkeit und Limitationen der spirituellen Heilung kann durch die Einbeziehung von Vergleichsgruppen oder Kontrollbedingungen gestärkt werden, um mögliche alternative Erklärungen für die beobachteten Veränderungen auszuschließen. Darüber hinaus können qualitative Datenanalysen verwendet werden, um Muster oder Themen in den erhobenen Daten zu identifizieren und zu interpretieren. Die Diskussion ethischer und kultureller Aspekte im

Zusammenhang mit spiritueller Heilung kann ebenfalls zur Sensibilisierung für die Vielfalt der Praktiken und Überzeugungen beitragen und potenzielle Stigmatisierung oder Diskriminierung vermeiden helfen. Um einen umfassenderen Einblick in die Langzeitwirkungen spiritueller Heilung zu gewinnen, können Langzeitbeobachtungen und Follow-up-Untersuchungen durchgeführt werden. Dies ermöglicht es, Veränderungen im Verlauf der Zeit zu verfolgen und langfristige Trends oder Rückfälle zu identifizieren. Darüber hinaus können qualitative Interviews mit ehemaligen Klienten durchgeführt werden, um ihre Perspektiven auf die langfristigen Auswirkungen der spirituellen Heilung zu erfassen und mögliche Empfehlungen für zukünftige Behandlungen abzuleiten. Um die Vielfalt der Erfahrungen und Perspektiven auf spirituelle Heilung angemessen zu berücksichtigen, ist es wichtig, eine multidisziplinäre und diversitätsbewusste Herangehensweise zu verfolgen. Dies kann die Zusammenarbeit mit Experten aus verschiedenen Fachbereichen wie Psychologie, Medizin, Soziologie, Anthropologie und Religionswissenschaften sowie die

Berücksichtigung unterschiedlicher kultureller, sozialer und religiöser Hintergründe umfassen. Die Einbeziehung von Diversität stärkt nicht nur die Validität und Generalisierbarkeit der Ergebnisse, sondern fördert auch die kulturelle Sensibilität und Respekt vor unterschiedlichen Weltanschauungen und Glaubenssystemen. Eine eingehende Exploration der Mechanismen und Wirkfaktoren, die zur Wirksamkeit spiritueller Heilung beitragen, kann dazu beitragen, das Verständnis für die zugrunde liegenden Prozesse zu vertiefen und potenzielle Anknüpfungspunkte für zukünftige Interventionen zu identifizieren. Dies kann die Untersuchung von biologischen, psychologischen, sozialen und spirituellen Mechanismen umfassen, die an der Entstehung von Krankheit und Gesundheit beteiligt sind. Darüber hinaus können Studien zur Neurobiologie der Spiritualität und zur Wirkung von spirituellen Praktiken auf das Gehirn weitere Einblicke in die zugrunde liegenden Mechanismen liefern.Bei der Durchführung von Fallstudien zur Wirksamkeit spiritueller Heilung ist es wichtig, ethische Grundsätze und professionelle Standards zu beachten, um die Rechte und das Wohlergehen der Klienten zu schützen. Dazu gehört unter anderem die Einholung informierter Einwilligungen, die Gewährleistung von Vertraulichkeit und Datenschutz, die Vermeidung von Interessenkonflikten und die Achtung kultureller und religiöser Überzeugungen. Darüber hinaus sollte die Kompetenz und Qualifikation der spirituellen Heiler regelmäßig überprüft und gegebenenfalls durch Supervision oder Weiterbildung unterstützt werden, um die Qualität und Sicherheit der angebotenen Dienstleistungen zu gewährleisten. Die Ergebnisse von Fallstudien zur Wirksamkeit spiritueller Heilung können einen wichtigen Beitrag zur evidenzbasierten Praxis und Politikgestaltung im Gesundheitswesen leisten, indem sie dazu beitragen, das Verständnis für die Rolle von Spiritualität und Religion bei der Förderung von Gesundheit und Wohlbefinden zu vertiefen. Dies kann die Integration spiritueller Versorgung in klinische Praxisrichtlinien, die Entwicklung von Ausbildungsprogrammen für Gesundheitsdienstleister und die Förderung von interprofessioneller Zusammenarbeit umfassen. Darüber hinaus können Fallstudien dazu beitragen, Vorurteile und Vorurteile gegenüber spirituellen Praktiken abzubauen und den Zugang zu ganzheitlichen Gesundheitsdienstleistungen zu verbessern. Insgesamt bieten Fallstudien zur Wirksamkeit spiritueller Heilung eine wertvolle Möglichkeit, individuelle Erfahrungen zu erforschen, Prozesse zu verstehen und Ergebnisse zu bewerten. Durch eine umfassende und multidisziplinäre Herangehensweise können sie nicht nur dazu beitragen, das Verständnis für die Rolle von Spiritualität bei der Förderung von Gesundheit und Wohlbefinden zu vertiefen, sondern auch die Qualität und Wirksamkeit von spirituellen Praktiken und Interventionen zu verbessern. Es ist jedoch wichtig zu beachten, dass Fallstudien ihre eigenen Grenzen und Einschränkungen haben und daher mit anderen Forschungsdesigns und -methoden ergänzt werden sollten, um ein umfassendes Bild zu erhalten.

Kapitel 6:

Die Verbindung zur Kosmischen Energie

6.1 Konzepte von Einheit und Transzendenz im spirituellen Kontext

Das Konzept von Einheit und Transzendenz im spirituellen Kontext ist von fundamentaler Bedeutung für das Verständnis der menschlichen Existenz und des Universums als Ganzes. Diese Konzepte sind tief in den Lehren vieler spiritueller Traditionen und philosophischer Systeme verwurzelt und reflektieren die Sehnsucht des Menschen nach einem umfassenden Verständnis der Welt und seines Platzes darin. Einheit wird als grundlegende Realität betrachtet, die besagt, dass alles im Universum letztendlich miteinander verbunden ist und eine harmonische Einheit bildet. Diese Einheit kann auf verschiedenen Ebenen wahrgenommen werden, von der mikroskopischen Welt der Quantenphysik bis zur makroskopischen Skala des Kosmos. Spirituelle Lehren betonen, dass diese Einheit nicht nur eine philosophische Abstraktion ist, sondern eine unmittelbare und erlebbare Realität. Durch spirituelle Praktiken wie Meditation, Gebet und rituelle Rituale können Menschen diese Einheit erfahren und tiefe Einsichten in die verbundene Natur aller Dinge gewinnen. Die Idee der Einheit hat auch Auswirkungen auf unser Verständnis von Identität und Selbst. Wenn alles miteinander verbunden ist, dann ist auch unser individuelles Selbst untrennbar mit dem universellen Ganzen verbunden. Dies kann ein tiefes Gefühl der Verbundenheit und des Mitgefühls für alle Lebewesen hervorrufen. Spirituelle Praktiken, die darauf abzielen, diese Einheit zu erfahren, können dazu beitragen, das Gefühl der Trennung und Isolation zu überwinden und ein Gefühl der universellen Verbundenheit zu kultivieren. Transzendenz hingegen bezieht sich auf den Akt oder Zustand des Übersteigens oder Hinausgehens über die begrenzte materielle Realität. Es geht darum, die Grenzen des Egos und der konventionellen Wahrnehmung zu überschreiten und eine tiefere Dimension der Existenz zu erkunden. Transzendente Erfahrungen können durch spirituelle Praktiken wie Meditation, Kontemplation oder rituelle Rituale erreicht werden. In diesen Zuständen können Menschen jenseits ihrer gewöhnlichen Erfahrungen von Zeit, Raum und Selbstgefühl eintauchen und eine Verbindung zu etwas Größerem und Tieferem herstellen. Die Erfahrung der

Transzendenz kann verschiedene Formen annehmen, von einem Gefühl der Einheit mit allem, was existiert, bis hin zu mystischen Erfahrungen des Göttlichen oder des Kosmischen. Diese Erfahrungen können transformative Effekte haben und das Bewusstsein des Einzelnen erweitern. Sie können ein Gefühl der Ehrfurcht und des Staunens vor der Größe und Schönheit des Universums hervorrufen und dazu beitragen, einen Sinn für das Mysterium und die Transzendenz des Lebens zu kultivieren. Einheit und Transzendenz sind eng miteinander verbunden und ergänzen sich gegenseitig. Die Einheit betont die grundlegende Verbundenheit aller Dinge im Universum, während die Transzendenz die Möglichkeit bietet, diese Einheit unmittelbar zu erfahren oder zu erkennen. Indem wir transzendente Erfahrungen machen, können wir das Gefühl der Einheit mit allem, was existiert, unmittelbar erfahren und erkennen, dass unsere individuelle Identität und Existenz untrennbar mit dem universellen Ganzen verbunden sind. Die Verbindung von Einheit und Transzendenz kann auch dazu beitragen, ein Gefühl der tiefen Dankbarkeit und Wertschätzung für das Leben zu kultivieren. Wenn wir erkennen, dass wir Teil eines größeren Ganzen sind und dass unser individuelles Selbst untrennbar mit dem Universum verbunden ist, können wir ein tieferes Verständnis für die Bedeutung unseres Lebens und unserer Handlungen entwickeln. Dies kann dazu beitragen, ein Gefühl der Verantwortung für das Wohl aller Lebewesen zu fördern und uns dazu inspirieren, mit Mitgefühl und Weisheit zu handeln. Die Konzepte von Einheit und Transzendenz haben vielfältige praktische Anwendungen im spirituellen Leben. Sie dienen als Leitprinzipien für spirituelle Praktiken wie Meditation, Gebet, Kontemplation und spirituelle Suche. Durch die Ausrichtung auf die Erfahrung der Einheit und Transzendenz können wir unser Bewusstsein erweitern, unser spirituelles Wachstum fördern und eine tiefere Verbindung zu unserer inneren spirituellen Essenz herstellen. Eine regelmäßige spirituelle Praxis, die darauf abzielt, Einheit und Transzendenz zu erfahren, kann dazu beitragen, ein Gefühl der inneren Ruhe und des Friedens zu kultivieren. Indem wir uns von den Begrenzungen unseres individuellen Egos lösen und eine tiefere Verbindung zur universellen Realität herstellen, können wir ein Gefühl der Erfüllung und des

Wohlbefindens erfahren, das über die bloßen materiellen Bedürfnisse hinausgeht. Diese Konzepte können auch als Leitfaden für ein Leben in Harmonie, Mitgefühl und spiritueller Erfüllung dienen. Indem wir uns darauf konzentrieren, Einheit und Transzendenz in unserem täglichen Leben zu erfahren und zu verkörpern, können wir dazu beitragen, eine Welt zu schaffen, die von Liebe, Verständnis und Frieden geprägt ist. Dies erfordert jedoch eine kontinuierliche Bemühung und Hingabe, da es oft herausfordernd sein kann, diese höheren Prinzipien inmitten der Herausforderungen des modernen Lebens aufrechtzuerhalten. Insgesamt sind die Konzepte von Einheit und Transzendenz grundlegende Prinzipien im spirituellen Kontext, die uns dazu einladen, über unsere begrenzte individuelle Identität hinauszugehen und eine tiefere Verbindung zur universellen Realität zu erkennen. Durch die Erforschung und Integration dieser Konzepte können wir ein Leben führen, das von einem tiefen Gefühl der Verbundenheit, des Friedens und der spirituellen Erfüllung geprägt ist.

6.2 Erforschung der Beziehung zwischen individueller und kosmischer Energie

Die individuelle Energie, die jedem Lebewesen innewohnt, ist eine komplexe Kraft, die auf verschiedenen Ebenen des Seins wirkt. Betrachten wir zunächst die physische Dimension. In der traditionellen chinesischen Medizin wird Qi als eine vitale Energie betrachtet, die durch den Körper fließt und die Funktionen der Organe und Gewebe unterstützt. Dieses Konzept findet sich auch in anderen Kulturen wieder, wie beispielsweise in der indischen Tradition, wo Prana als die Lebenskraft verstanden wird, die den Körper durchströmt und ihn belebt. Auf der emotionalen Ebene ist individuelle Energie eng mit dem Gefühlszustand einer Person verbunden. Ein Mensch mit einem hohen Maß an innerer Energie fühlt sich oft vitaler, ausgeglichener und emotional stabiler, während ein Mangel an Energie zu Müdigkeit, Stimmungsschwankungen und einem allgemeinen Gefühl der Erschöpfung führen kann. Die geistige Dimension der individuellen Energie umfasst die Fähigkeit zur Konzentration,

Kreativität und geistigen Klarheit. Eine Person mit einem starken geistigen Energiefluss kann komplexe Probleme besser lösen, neue Ideen entwickeln und ihre kognitive Leistungsfähigkeit steigern. Schließlich hat individuelle Energie auch eine spirituelle Dimension, die das Streben nach Sinn, Erfüllung und spirituellem Wachstum umfasst. Diese Dimension ist in vielen spirituellen Traditionen von zentraler Bedeutung und wird oft durch Praktiken wie Meditation, Gebet und spirituelle Gemeinschaften genährt. Um die individuelle Energie weiter zu vertiefen, können wir uns tiefer mit den verschiedenen Aspekten befassen, die sie ausmachen. Auf physischer Ebene können wir beispielsweise durch regelmäßige Bewegung und gesunde Ernährung dafür sorgen, dass unser Körper optimal mit Energie versorgt wird. Yoga, Tai Chi oder Qi Gong sind auch Praktiken, die darauf abzielen, den Energiefluss im Körper zu verbessern und Blockaden zu lösen. Auf emotionaler Ebene können wir durch Achtsamkeitspraktiken wie Meditation und Atemtechniken lernen, unsere Emotionen zu regulieren und unser inneres Gleichgewicht zu stärken. Selbstreflexion und das Verarbeiten von emotionalen Blockaden können ebenfalls dazu beitragen, unsere individuelle Energie freizusetzen und zu stärken. In der geistigen Dimension können wir unsere geistige Flexibilität und Kreativität durch das Lösen von Rätseln, das Lesen inspirierender Bücher oder das Lernen neuer Fähigkeiten fördern. Die Praxis der Achtsamkeit kann auch hier hilfreich sein, um unseren Geist zu beruhigen und die Konzentration zu verbessern. Spirituelle Praktiken wie Meditation, Gebet und spirituelle Studien können schließlich dazu beitragen, unsere Verbindung zur kosmischen Energie zu vertiefen und unser spirituelles Wachstum zu fördern. Durch die Erforschung spiritueller Lehren und den Austausch mit anderen Suchenden können wir unser Verständnis erweitern und tiefer in die Geheimnisse des Universums eintauchen. Die kosmische Energie, die den gesamten Kosmos durchdringt, ist eine Quelle unendlicher Potenziale und Möglichkeiten. Diese Energie wird oft als das verbindende Gewebe betrachtet, das alle Dinge miteinander verwebt und alles Leben unterstützt. In der Physik wird sie manchmal als "Dunkle Energie" oder "Dunkle Materie" bezeichnet, obwohl diese Begriffe hauptsächlich dazu dienen, die beobachtbaren Phänomene im

Universum zu erklären und nicht unbedingt mit spirituellen Konzepten in Verbindung stehen. Auf einer subtileren Ebene wird die kosmische Energie in vielen spirituellen Traditionen als die Quelle alles Seins betrachtet. Sie ist das, was die Welt zusammenhält und Leben in all seinen Formen ermöglicht. Diese universelle Lebenskraft wird oft als intelligentes und schöpferisches Prinzip angesehen, das die Grundlage für alle Manifestationen im Universum bildet. Die kosmische Energie manifestiert sich auf vielfältige Weise in unserem Leben, oft auf subtile und unerwartete Weise. Sie kann sich in synchronistischen Ereignissen zeigen, bei denen scheinbar zufällige Begegnungen oder Ereignisse eine tiefere Bedeutung haben und uns auf unserem spirituellen Weg voranbringen. Die kosmische Energie kann auch durch kreative Prozesse zum Ausdruck kommen, sei es durch Kunst, Musik, Tanz oder Schreiben. In diesen Momenten fühlen wir uns oft eins mit dem Universum und sind in der Lage, unsere Verbindung zur kosmischen Quelle zu spüren, die durch uns hindurchfließt und sich in Form von Inspiration und schöpferischem Ausdruck manifestiert. Darüber hinaus können wir die kosmische Energie in der Natur erleben, sei es durch den Anblick eines atemberaubenden Sonnenuntergangs, das Rauschen des Meeres oder den Gesang der Vögel im Wald. In diesen Momenten fühlen wir uns oft tief mit dem Universum verbunden und erkennen die Schönheit und Harmonie, die in allem vorhanden ist.Die Beziehung zwischen individueller und kosmischer Energie ist tief verwurzelt und manifestiert sich auf vielfältige Weise. Eine Möglichkeit, diese Verbindung zu verstehen, ist durch den metaphorischen Vergleich mit einem Fluss: Die individuelle Energie ist wie ein kleiner Bach, der aus einem größeren Strom entspringt - der kosmischen Energie. Der Bach nimmt Wasser auf, das Teil des größeren Flusses ist, und gibt es dann wieder in den Fluss zurück. Auf individueller Ebene können verschiedene Praktiken und Techniken verwendet werden, um diese Verbindung zu stärken und das Bewusstsein für die kosmische Dimension des Selbst zu erweitern. Meditation ist eine solche Praxis, die es einem ermöglicht, sich von den Begrenzungen des individuellen Egos zu lösen und eine tiefere Verbundenheit mit dem universellen Ganzen zu erfahren. Durch die Vertiefung dieser Verbindung können wir ein tieferes Verständnis für unsere eigene Existenz und unsere Beziehung zum Universum entwickeln. Die Synergie zwischen individueller und kosmischer Energie entsteht, wenn wir unsere individuelle Energie mit der universellen Lebenskraft in Einklang bringen und in Resonanz mit ihr schwingen. Dieser Zustand der Synergie kann zu einem tiefen Gefühl von Einssein und Verbundenheit führen, bei dem wir erkennen, dass wir Teil eines größeren Ganzen sind und dass unsere individuelle Kraft untrennbar mit der kosmischen Quelle verbunden ist. Um diese Synergie zu fördern, können wir verschiedene Praktiken und Techniken anwenden, die darauf abzielen, unsere individuelle Energie zu stärken und unsere Verbindung zur kosmischen Quelle zu vertiefen. Meditation, Yoga, Tai Chi, Qi Gong und andere spirituelle Praktiken können uns dabei helfen, unseren Energiefluss zu optimieren und unser Bewusstsein für die kosmische Dimension des Selbst zu erweitern. Darüber hinaus können wir durch achtsame Lebensführung und Mitgefühl gegenüber anderen Lebewesen dazu beitragen, die universelle Lebenskraft in unserem täglichen Leben zu ehren und zu respektieren. Indem wir uns bemühen, im Einklang mit den natürlichen Rhythmen des Universums zu leben, können wir unsere individuelle Energie mit der kosmischen Energie in Harmonie bringen und ein Leben führen, das von innerem Frieden, Freude und spirituellem Wachstum erfüllt ist. Die Erforschung der Beziehung zwischen individueller und kosmischer Energie erfolgt auf verschiedenen Ebenen und mit unterschiedlichen Methoden. In der Physik werden beispielsweise subtile Energiefelder im Universum untersucht, die möglicherweise die Grundlage für die Manifestation von Materie und Bewusstsein bilden. Durch Experimente im Bereich der Quantenphysik werden Phänomene wie Quantenverschränkung und Quantenfelder untersucht, die Hinweise darauf liefern könnten, wie individuelle und kosmische Energie miteinander verbunden sind. Auf psychologischer Ebene untersuchen Neurowissenschaftler und Psychologen die Auswirkungen von spirituellen Praktiken auf das menschliche Bewusstsein und Wohlbefinden. Durch Methoden wie funktionelle Magnetresonanztomographie (fMRI) und EEG können sie Veränderungen in der Gehirnaktivität und im emotionalen Zustand von Menschen untersuchen, die regelmäßig meditieren oder sich anderen spirituellen Praktiken widmen. Spirituelle Lehrer und Weise bieten Einblicke aus jahrhundertelanger Erfahrung und Überlieferung. Durch die Erforschung alter Schriften, spiritueller Lehren und Praktiken können wir ein tieferes Verständnis für die Natur der Realität und des Selbst gewinnen und möglicherweise neue Erkenntnisse darüber gewinnen, wie individuelle und kosmische Energie miteinander interagieren. Spirituelle Erfahrungen können eine unmittelbare Verbindung zur kosmischen Energie ermöglichen und uns tiefe Einblicke in die Natur der Realität und des Selbst bieten. Diese Erfahrungen können auf verschiedene Weise auftreten, darunter Meditation, Gebet, Visionen, Träume und Nahtoderfahrungen. In vielen Fällen berichten Menschen von einem Gefühl der Einheit mit allem, was existiert, einem Gefühl der grenzenlosen Liebe und Verbundenheit oder einer Erweiterung des Bewusstseins jenseits der gewöhnlichen Wahrnehmung. Ein Beispiel für eine spirituelle Erfahrung ist das Konzept der "Kundalini-Erweckung" im Yoga. Kundalini wird als eine schlafende Energie beschrieben, die am unteren Ende der

Wirbelsäule ruht und durch spirituelle Praktiken wie Yoga und Meditation erweckt werden kann. Wenn die Kundalini-Energie aufsteigt, kann dies zu intensiven spirituellen Erfahrungen führen, die mit einem Gefühl der Erleuchtung, inneren Transformation und einem gesteigerten Bewusstsein einhergehen. Ein weiteres Beispiel sind mystische Erfahrungen, bei denen Menschen eine direkte Verbindung zur kosmischen Energie erleben und Einsichten in die Natur der Realität gewinnen. Mystiker aller Traditionen berichten von Erfahrungen der Ekstase, des Einsseins und der unmittelbaren Erkenntnis der göttlichen Wirklichkeit. Insgesamt zeigen spirituelle Erfahrungen, dass die Verbindung zur kosmischen Energie nicht nur eine theoretische Möglichkeit ist, sondern eine erlebbare Realität, die das Potenzial hat, unser Leben tiefgreifend zu transformieren und unser Verständnis von uns selbst und der Welt zu erweitern.

6.3 Spirituelle Praktiken zur Vertiefung der kosmischen Verbindung

Die Vertiefung der kosmischen Verbindung durch spirituelle Praktiken ist ein Prozess der bewussten Ausrichtung unseres Geistes, Körpers und unserer Seele auf die universelle Lebenskraft, die den gesamten Kosmos durchdringt. Diese Praktiken sind von zentraler Bedeutung für die spirituelle Entwicklung und ermöglichen es uns, eine tiefere Einheit mit dem Kosmos zu erfahren. Meditation in all ihren Facetten ist eine der wirkungsvollsten Praktiken zur Vertiefung der kosmischen Verbindung. Durch Meditation können wir den Geist beruhigen, uns von störenden Gedanken lösen und in einen Zustand innerer Stille und Präsenz eintreten. Verschiedene Meditationsformen wie Achtsamkeitsmeditation, Transzendentale Meditation, Vipassana oder Kundalini-Meditation ermöglichen es uns, die Grenzen des Egos zu transzendieren und eine direkte Erfahrung der universellen Lebenskraft zu machen. Yoga als ganzheitliche Praxis ist mehr als nur körperliche Übungen. Es ist eine ganzheitliche Praxis, die Körper, Geist und Seele miteinander verbindet und darauf abzielt, die kosmische Verbindung zu vertiefen. Durch Asanas (Körperhaltungen), Pranayama (Atemtechniken) und Meditation können wir unseren Energiefluss harmonisieren, unsere Chakren aktivieren und eine tiefere Einheit mit dem Universum erfahren. Yoga lehrt uns, uns selbst zu verwirklichen und unser Bewusstsein zu erweitern, indem wir die universelle Lebenskraft in uns selbst erkennen. Gebet und Hingabe sind kraftvolle spirituelle Praktiken, die es uns ermöglichen, eine persönliche Beziehung zur universellen Lebenskraft aufzubauen. Indem wir uns dem Göttlichen hingeben und unsere Absicht und Dankbarkeit zum Ausdruck bringen, können wir eine tiefe Verbindung zur kosmischen Wirklichkeit erfahren. Gebet und Hingabe helfen uns, unser Ego loszulassen und uns mit dem größeren Ganzen zu vereinen, indem sie uns in einen Zustand der Liebe, des Vertrauens und der Harmonie versetzen. Rituale und Zeremonien sind spirituelle Praktiken, die seit Jahrtausenden verwendet werden, um die Verbindung zur kosmischen Dimension zu vertiefen. Durch symbolische Handlungen, Gesänge,

Gebete und Opfergaben können wir uns mit den spirituellen Kräften des Kosmos verbinden und unsere Absicht und Dankbarkeit zum Ausdruck bringen. Rituale helfen uns, den Übergang zwischen dem Alltäglichen und dem Heiligen zu erleichtern und uns in einen Zustand der Transzendenz zu versetzen. Die Natur ist eine lebendige Manifestation der kosmischen Energie und eine Quelle der Inspiration und spirituellen Einsicht. Indem wir uns mit der Natur verbinden und eine tiefe Beziehung zur Erde, den Elementen und den natürlichen Zyklen aufbauen, können wir unsere Verbindung zur kosmischen Wirklichkeit vertiefen. Naturpraktiken wie Waldbaden, Erdung, Elementararbeit und ökologische Spiritualität helfen uns, uns mit den lebendigen Kräften des Kosmos zu vereinen und unseren Platz im großen Weben des Lebens zu erkennen. Neben Meditation kann auch bewusste Stille und Rückzug eine wirksame Praxis sein, um die kosmische Verbindung zu vertiefen. Indem wir uns regelmäßig Zeit nehmen, um uns von äußeren Ablenkungen zurückzuziehen und in die Stille zu gehen, können wir eine tiefere Ebene des Bewusstseins erreichen und uns bewusst mit der universellen Lebenskraft verbinden.

Kreativität ist eine weitere Möglichkeit, unsere Verbindung zum Kosmos zu vertiefen. Durch künstlerischen Ausdruck, sei es Malerei, Musik, Tanz, Schreiben oder jede andere Form der Kunst, können wir uns als Kanäle für die universelle Kreativität verstehen. Durch diesen Prozess können wir uns jenseits des begrenzten Selbst erleben und uns mit der unendlichen Schöpfung verbinden. Das Studium spiritueller Lehren und Weisheiten aus verschiedenen Traditionen kann uns dabei helfen, unser Verständnis über die kosmische Realität zu vertiefen und unseren spirituellen Weg zu bereichern. Indem wir die Weisheiten der Weisen und Heiligen studieren, können wir Inspiration und Führung für unsere eigene spirituelle Praxis finden und tiefer in die Geheimnisse des Universums eintauchen. Der Austausch mit Gleichgesinnten und die Teilnahme an spirituellen Gemeinschaften oder Gruppen können eine unterstützende Umgebung bieten, um unsere Verbindung zum Kosmos zu vertiefen. Durch den Austausch von Erfahrungen, Wissen und Unterstützung können wir uns gegenseitig auf unserem spirituellen Weg unterstützen und gemeinsam wachsen. Letztendlich kann die Praxis des Dienstes und Mitgefühls eine kraftvolle Möglichkeit sein, unsere Verbindung zum Kosmos zu vertiefen. Indem wir uns für das Wohl anderer einsetzen und Mitgefühl in die Welt bringen, erkennen wir die universelle Verbundenheit aller Wesen und erfahren die kosmische Wirklichkeit durch den Akt der bedingungslosen Liebe und des Dienstes. Diese zusätzlichen Aspekte ergänzen die vorgeschlagenen spirituellen Praktiken und bieten weitere Wege, um eine tiefere Einheit mit dem Kosmos zu erfahren und unsere spirituelle Entwicklung voranzutreiben.

6.4 Die Suche nach spiritueller Erleuchtung und Einheit mit dem Universum

Die Suche nach spiritueller Erleuchtung und der Einheit mit dem Universum ist eine Reise, die tief in die Essenz des menschlichen Seins eindringt und eine Sehnsucht nach einer höheren Realität offenbart, die jenseits der materiellen Welt liegt. Diese Suche ist von einer tiefen inneren Sehnsucht geprägt, eine Verbindung zur Quelle des Seins herzustellen und den Sinn und Zweck des Lebens zu verstehen. Sie ist eine Reise der Selbstentdeckung, Transformation und inneren Wandlung, die Menschen auf der ganzen Welt auf unterschiedliche Weise erleben. Die Sehnsucht nach Erleuchtung ist eine Ursehnsucht der menschlichen Seele, die oft durch ein Gefühl der Unvollständigkeit oder Unzufriedenheit mit dem Leben ausgelöst wird. Es ist das Verlangen, eine tiefere Wirklichkeit zu erfahren und Antworten auf grundlegende Fragen nach dem Sinn des Lebens zu finden. Diese Sehnsucht kann durch verschiedene Lebenserfahrungen wie Verlust, Leid, oder sogar durch spontane spirituelle Erlebnisse ausgelöst werden. Sie manifestiert sich als ein inneres Feuer, das den Suchenden dazu antreibt, nach Erleuchtung und spiritueller Erkenntnis zu streben. Die Reise der Selbstentdeckung ist ein zentraler Bestandteil der Suche nach spiritueller Erleuchtung. Es ist eine Reise, die den Suchenden dazu einlädt, die tiefsten Schichten seines Wesens zu erforschen und die Quelle seines Seins zu erkennen. Diese Reise führt oft zu einer Konfrontation mit den verborgenen Aspekten des Selbst, wie Ängsten, Zweifeln und Schatten. Durch die Integration von spirituellen Praktiken, Selbsterforschung und Hingabe kann der Suchende allmählich sein Bewusstsein erweitern und eine tiefere Einheit mit dem Universum erfahren. Das Loslassen von begrenzenden Vorstellungen, Identitäten und Egostrukturen ist ein weiterer wichtiger Aspekt der Suche nach spiritueller Erleuchtung. Dies erfordert oft einen tiefgreifenden inneren Wandel und die Bereitschaft, sich den unbekannten und manchmal beängstigenden Aspekten des Selbst zu stellen. Durch das Loslassen von alten Mustern und Überzeugungen kann der Suchende Raum für neue Einsichten, Erkenntnisse und Erfahrungen schaffen, die ihn näher zur Erleuchtung und zur Einheit mit dem Universum bringen. Die Suche nach Einheit mit dem Universum ist letztendlich eine Suche nach der Wahrheit des eigenen Wesens und der Wirklichkeit des Kosmos. Sie zielt darauf ab, die Illusion der Trennung zu durchbrechen und eine direkte Erfahrung der Einheit mit allem, was existiert, zu machen. Diese Suche kann durch verschiedene spirituelle Praktiken wie Meditation, Kontemplation, Gebet, Yoga und innere Arbeit gefördert werden, die es dem Suchenden ermöglichen, sein Bewusstsein zu erweitern und seine spirituelle Verbindung zum Universum zu vertiefen. Die Integration von Erleuchtung im Alltag ist eine fortlaufende Herausforderung und eine der größten Prüfungen auf dem Weg zur spirituellen Meisterschaft. Der Weg der spirituellen Erleuchtung endet nicht mit einem plötzlichen Erwachen oder einer transzendentalen Erfahrung, sondern ist vielmehr eine kontinuierliche Reise der inneren Transformation und des spirituellen Wachstums. Die wahre Herausforderung besteht darin, die Erleuchtung in den Alltag zu integrieren und die spirituelle Einsicht in Handlungen und Beziehungen umzusetzen. Dies erfordert ein tieferes

Verständnis der eigenen Natur und eine konsequente Praxis der Achtsamkeit, Liebe und Mitgefühl im täglichen Leben. Die Rolle der Gemeinschaft und Lehrer auf dem spirituellen Weg ist von entscheidender Bedeutung. Gemeinschaften bieten eine Quelle der Unterstützung, Inspiration und des gegenseitigen Lernens. Durch den Austausch von Erfahrungen und Einsichten können Suchende ihre spirituelle Entwicklung vertiefen und sich gegenseitig auf dem Weg zur Erleuchtung unterstützen. Erfahrene Lehrer können wertvolle Anleitung und Weisheit bieten, die den Suchenden helfen, Hindernisse zu überwinden und ihr spirituelles Wachstum zu fördern. Geduld und Ausdauer sind unerlässlich auf dem Weg zur spirituellen Erleuchtung. Es ist wichtig zu erkennen, dass die Reise ihre Höhen und Tiefen haben wird, und dass Rückschläge und Hindernisse unvermeidlich sind. Durch Geduld und Ausdauer können Suchende jedoch weiterhin voranschreiten und ihre spirituellen Ziele erreichen. Demut und Offenheit sind ebenfalls wichtige Qualitäten auf dem Weg zur Erleuchtung. Es erfordert die Bereitschaft, das Ego zu überwinden und sich für neue Einsichten und

Erfahrungen zu öffnen. Die Suche nach spiritueller Erleuchtung ist auch eine Reise der Gnade und Hingabe. Es gibt Momente, in denen wir uns bemühen und kämpfen können, um voranzukommen, aber es gibt auch Momente der Gnade, in denen wir uns einfach dem Fluss des Lebens hingeben und uns von einer höheren Kraft führen lassen können. Durch die Hingabe an den spirituellen Pfad und die Öffnung für die Gnade können Suchende tiefe Einsichten und Erfahrungen erleben, die sie näher zur Erleuchtung führen. Die Suche nach spiritueller Erleuchtung ist eine Reise, die das Leben in seiner Essenz berührt und den Suchenden dazu einlädt, sich auf eine spirituelle Reise der Selbstentdeckung und Transformation einzulassen. Es ist eine Reise der Sehnsucht nach Erleuchtung, der Selbstentdeckung, des Loslassens und der Transformation, der Suche nach Einheit mit dem Universum und der Integration der Erleuchtung im Alltag. Durch Geduld, Ausdauer, Demut und Hingabe können Suchende auf diesem Weg voranschreiten und eine tiefere Verbindung zur Quelle des Seins herstellen.

Kapitel 7:

Die Ethik und Verantwortung in der Nutzung Spiritueller Energie

7.1 Ethische Überlegungen im Umgang mit spiritueller Macht

Ethische Überlegungen im Umgang mit spiritueller Macht sind von entscheidender Bedeutung für jeden, der sich mit spirituellen Praktiken beschäftigt oder nach persönlichem Wachstum strebt. Spirituelle Macht ist eine potenziell transformative Kraft, die nicht nur Gutes bewirken kann, sondern auch Schaden anrichten kann, wenn sie nicht mit Weisheit und Verantwortung verwendet wird. Aus diesem Grund ist es wichtig, eine klare und umfassende ethische Grundlage für unsere spirituelle Praxis zu entwickeln und zu pflegen. Ethik im spirituellen Kontext beginnt mit einem tiefen Respekt vor der universellen Ordnung oder dem kosmischen Gesetz. Diese Ordnung ist das Fundament, auf dem das gesamte Universum ruht, und sie regelt das Funktionieren der Welt auf subtile und komplexe Weise. Ethische Überlegungen erfordern, dass wir uns bewusst sind, wie unsere Handlungen in diese Ordnung eingreifen können und welche Auswirkungen sie auf andere Lebewesen und die Umwelt haben können. Dies erfordert ein hohes Maß an Sensibilität und Achtsamkeit für die Wechselwirkungen zwischen allem, was existiert. Der ethische Umgang mit spiritueller Macht erfordert Integrität und Authentizität. Das bedeutet, dass wir uns selbst gegenüber ehrlich sein müssen und unsere spirituellen Absichten und Motivationen klar untersuchen müssen. Es ist wichtig, nicht in die Falle des spirituellen Egos zu geraten, indem wir uns selbst über andere erheben oder spirituelle Macht für persönliche Gewinne oder egoistische Zwecke missbrauchen. Stattdessen sollten unsere Handlungen von einem tiefen Wunsch nach Heilung, Wachstum und Wohlergehen für alle Lebewesen geleitet sein.

Verantwortungsbewusstsein spielt ebenfalls eine zentrale Rolle. Der Umgang mit spiritueller Macht erfordert ein hohes Maß an Bewusstsein für die potenziellen Auswirkungen unserer Handlungen auf das Leben anderer Menschen. Wir müssen bereit sein, die Konsequenzen unserer Handlungen zu tragen und uns kontinuierlich selbst zu reflektieren, um sicherzustellen, dass unsere Handlungen im Einklang mit den höchsten ethischen Prinzipien stehen und zum Wohl aller Beteiligten beitragen. Eine wichtige ethische

Überlegung im spirituellen Kontext ist das Prinzip des Nichtanhaftens und des Loslassens. Spirituelle Praktiken sollten nicht dazu dienen, unsere eigenen Wünsche oder Vorstellungen zu erfüllen, sondern uns dabei helfen, uns von egoistischen Anhaftungen zu lösen und in einen Zustand des Loslassens und der Hingabe zu gelangen. Dies ermöglicht es uns, im Einklang mit dem Fluss des Lebens zu handeln und uns dem höheren Willen des Universums zu öffnen. Ethische Überlegungen im Umgang mit spiritueller Macht erfordern Mitgefühl und Fürsorge für alle Lebewesen. Wir sollten uns bewusst sein, wie unsere Handlungen das Wohlergehen anderer beeinflussen und uns bemühen, im Einklang mit den Prinzipien des Mitgefühls und der Nächstenliebe zu handeln. Dies erfordert, dass wir uns um die Bedürfnisse anderer kümmern und uns für ihr Wohlergehen einsetzen, auch wenn es uns selbst nichts bringt. Zusätzlich zu diesen grundlegenden ethischen Prinzipien gibt es weitere Aspekte, die bei der Integration ethischer Überlegungen in die spirituelle Praxis berücksichtigt werden sollten. Die Anerkennung der Vielfalt spiritueller Pfade und Traditionen ist wichtig, ebenso wie Transparenz und Offenheit im Umgang mit spiritueller Macht. Respekt vor der Autonomie anderer und Selbstfürsorge sind ebenfalls entscheidend für eine ethische spirituelle Praxis. Indem wir diese ethischen Überlegungen in unsere spirituelle Praxis integrieren, können wir sicherstellen, dass wir nicht nur unser eigenes Wachstum und Wohlergehen fördern, sondern auch zum Wohl der gesamten Menschheit und des Planeten beitragen.

7.2 Gefahren des Missbrauchs spiritueller Energie

Der Missbrauch spiritueller Energie ist ein Phänomen, das in vielen spirituellen Gemeinschaften und Lehrtraditionen auf der ganzen Welt vorkommt. Es ist wichtig zu verstehen, dass Spiritualität an sich keine Gefahr darstellt, sondern dass der Missbrauch entsteht, wenn spirituelle Autoritäten oder Lehrer ihre Macht und Einflussnahme ausnutzen, um anderen zu schaden. In diesem ausführlichen Bericht werden wir uns eingehend mit den verschiedenen Formen des Missbrauchs spiritueller Energie sowie den Auswirkungen auf die Opfer und die Gemeinschaften befassen. Eine der offensichtlichsten Formen des Missbrauchs spiritueller Energie ist der Machtmissbrauch durch spirituelle Autoritäten oder Lehrer. Diese Personen können ihre Position nutzen, um Macht über ihre Schüler oder Anhänger auszuüben und sie zu manipulieren. Manipulative Taktiken können Gaslighting, Erzeugung von Schuldgefühlen, Isolation von anderen Unterstützungssystemen und die Förderung eines Kults der Persönlichkeit umfassen. Der

Missbrauch dieser Art kann dazu führen, dass die Opfer ihre Selbstbestimmung verlieren und sich in einem Zustand der Abhängigkeit von ihrem spirituellen Führer befinden. Der Missbrauch spiritueller Energie kann auch psychische und emotionale Ausbeutung beinhalten. Dies geschieht oft durch die Ausnutzung der Verletzlichkeit und der emotionalen Bedürfnisse der Anhänger. Opfer können dazu gebracht werden, sich von spirituellen Führern abhängig zu machen und ungesunde Abhängigkeiten zu entwickeln. Diese Form des Missbrauchs kann zu einem Zustand der psychischen oder emotionalen Gefangenschaft führen, in dem die Opfer sich hilflos fühlen und Schwierigkeiten haben, sich aus der Beziehung zu lösen, selbst wenn sie erkennen, dass sie missbraucht werden. Eine besonders erschütternde Form des Missbrauchs spiritueller Energie ist der sexuelle Missbrauch durch spirituelle Führer oder Autoritäten. Dies beinhaltet unangemessene sexuelle Annäherungen, sexuelle Belästigung oder sogar sexuelle Übergriffe im Namen von spirituellen Praktiken oder Lehren. Diese Form des Missbrauchs ist besonders traumatisch und kann schwerwiegende langfristige Auswirkungen auf die Opfer haben, einschließlich posttraumatischer Belastungsstörung (PTBS), Depressionen und Angstzuständen. Spirituelle Missbrauch kann auch in Form von finanzieller Ausbeutung und Betrug auftreten. Einige spirituelle Führer nutzen ihre Position aus, um Geld von ihren Anhängern zu erpressen oder finanzielle Unterstützung unter falschen Vorwänden zu fordern. Dies kann dazu führen, dass Anhänger große Summen Geld spenden oder sogar ihr gesamtes Vermögen an den spirituellen Führer übertragen, in der Hoffnung auf spirituelle Belohnungen oder Erlösung. Der Missbrauch spiritueller Energie beinhaltet oft die Verletzung von Grenzen und persönlicher Integrität. Dies kann sich in Form von unangemessenen physischen Berührungen, erzwungenen spirituellen Praktiken oder anderen Formen von Missbrauch manifestieren. Die Opfer können sich entmachtet fühlen und ihre eigenen Grenzen und Bedürfnisse nicht angemessen verteidigen können. In Bezug auf die Auswirkungen des Missbrauchs spiritueller Energie können wir feststellen, dass dieser zu schwerwiegenden traumatischen Erfahrungen führen und langfristige Auswirkungen auf die psychische Gesundheit haben kann. Menschen, die spirituell missbraucht wurden, können an Angststörungen, Depressionen, posttraumatischen Belastungsstörungen (PTBS) und anderen psychischen Gesundheitsproblemen leiden. Der Missbrauch kann ihr Vertrauen in sich selbst, andere Menschen und spirituelle Praktiken nachhaltig beeinträchtigen. Opfer von spirituellem Missbrauch können auch einen starken Verlust ihres Selbstwertgefühls und ihrer Selbstachtung erfahren. Sie können sich schuldig, schämend oder minderwertig fühlen und Schwierigkeiten haben, gesunde Beziehungen aufzubauen oder ihre eigenen Bedürfnisse angemessen zu vertreten. Dies kann zu einem langwierigen Prozess der Heilung und des Wiederaufbaus des Selbstvertrauens führen. Spirituelle Verwirrung und Desorientierung sind weitere mögliche Auswirkungen des Missbrauchs spiritueller Energie. Insbesondere bei Menschen, die sich in einer vulnerablen Position befinden oder die auf der Suche nach spiritueller Führung sind, kann der Missbrauch zu Verwirrung darüber führen, was wirklich spirituell oder heilsam ist. Der Missbrauch spiritueller Energie kann nicht nur einzelne Opfer beeinträchtigen, sondern auch ganze

Gemeinschaften und Beziehungen zerstören. Wenn der Missbrauch in einer spirituellen Gruppe oder Gemeinschaft stattfindet, kann dies zu Spaltungen, Konflikten und Misstrauen innerhalb der Gemeinschaft führen. Menschen können sich isoliert oder ausgeschlossen fühlen und das Vertrauen in spirituelle Gemeinschaften und Lehren verlieren. Für manche Menschen kann der Missbrauch spiritueller Energie zu einem Verlust des Glaubens an spirituelle Praktiken oder sogar zu einem Verlust des Glaubens an eine höhere Macht führen. Die Erfahrung von Missbrauch kann die spirituelle Suche und den Glauben an die Existenz einer liebevollen und unterstützenden Kraft im Universum stark erschüttern. Dies kann zu einem existenziellen Krisengefühl und einem Verlust des Sinns im Leben führen. Um den Missbrauch spiritueller Energie zu verhindern und die Opfer zu unterstützen, sind verschiedene Maßnahmen erforderlich, darunter Bewusstseinsbildung und Aufklärung, Stärkung der Opfer und Förderung von Selbstbestimmung, Verantwortlichkeit und Transparenz in spirituellen Gemeinschaften, Förderung einer Kultur des Respekts und der Einwilligung sowie Integration von

Traumaheilung und spiritueller Praxis. Insgesamt erfordert die Bewältigung des Missbrauchs spiritueller Energie eine umfassende und koordinierte Antwort von Individuen, Gemeinschaften, Organisationen und Regierungen. Es ist von entscheidender Bedeutung, dass wir uns aktiv für die Schaffung sicherer und unterstützender Räume für alle Menschen einsetzen, die nach spirituellem Wachstum und Erleuchtung streben.

7.3 Richtlinien für einen verantwortungsvollen Umgang mit spiritueller Energie

Achtsamkeit und Selbstreflexion bilden die Grundpfeiler für einen sinnvollen und verantwortungsvollen Umgang mit spiritueller Energie. Achtsamkeit bedeutet, bewusst im gegenwärtigen Moment zu sein und sich dessen bewusst zu sein, was in uns und um uns herum geschieht. Durch Achtsamkeitspraktiken wie Meditation, Atemübungen oder einfach durch bewusste Anwesenheit können wir unsere Gedanken, Emotionen und Handlungen besser verstehen. Die Selbstreflexion erweitert diese Achtsamkeit auf unsere eigenen Gedanken, Motivationen und Handlungen. Sie ermöglicht es uns, unsere innersten Wünsche, Ängste und Überzeugungen zu erkunden. Indem wir uns selbst ehrlich betrachten, können wir feststellen, ob unsere spirituellen Bestrebungen von authentischen Motivationen geleitet werden oder ob sie von anderen Faktoren wie gesellschaftlichem Druck oder persönlichen Unzulänglichkeiten beeinflusst werden. Der Respekt vor der freien Willensentscheidung ist ein grundlegendes ethisches Prinzip, das in allen menschlichen Interaktionen gelten sollte, einschließlich spiritueller Praktiken. Jeder Mensch hat das Recht, seine eigenen Entscheidungen zu treffen und über sein eigenes spirituelles Leben zu bestimmen. Zwang oder Manipulation jeglicher Art sind inakzeptabel und widersprechen den Prinzipien des Respekts und der Selbstbestimmung. Es ist wichtig, dass spirituelle Führer und Gemeinschaften einen Raum schaffen, in dem Menschen frei und ohne Angst vor Urteilen ihre eigenen spirituellen Pfade erkunden können. Dies bedeutet auch, dass Menschen die Freiheit haben sollten, sich von spirituellen Praktiken zurückzuziehen oder sie zu ändern, wenn sie das Bedürfnis danach verspüren, ohne sich rechtfertigen zu müssen. Ethische Leitlinien und Prinzipien Ethische Leitlinien und Prinzipien dienen als Kompass für einen verantwortungsvollen Umgang mit spiritueller Energie. Diese Prinzipien basieren oft auf universellen Werten wie Mitgefühl, Gerechtigkeit, Ehrlichkeit und Respekt vor allem Leben. Sie bieten Orientierung und Handlungsvorschläge für spirituelle Praktizierende, um sicherzustellen, dass ihre Handlungen das Wohl aller Beteiligten fördern. Ein Beispiel für eine ethische Leitlinie ist das Prinzip des Nicht-Schadens (Ahimsa), das in vielen spirituellen Traditionen eine zentrale Rolle spielt. Es besagt, dass man anderen Lebewesen keinen Schaden zufügen sollte, sei es körperlich, emotional oder spirituell. Durch die Anwendung solcher ethischer Prinzipien können spirituelle Praktizierende sicherstellen, dass ihre Handlungen im Einklang mit ihren spirituellen Werten und Zielen stehen. Grenzen und persönliche Integrität Die Achtung von Grenzen und persönlicher Integrität ist entscheidend, um sicherzustellen, dass spirituelle Praktiken nicht dazu führen, dass die Rechte oder das Wohlbefinden anderer verletzt werden. Grenzen sind individuell und können sich von Person zu Person unterscheiden. Ein wichtiger Teil des verantwortungsvollen Umgangs mit spiritueller Energie besteht darin, die eigenen Grenzen zu erkennen, zu respektieren und zu kommunizieren. Darüber hinaus ist es wichtig, die Grenzen anderer zu respektieren und zu achten. Dies erfordert Sensibilität und Empathie, um die Bedürfnisse und Grenzen anderer zu erkennen und entsprechend darauf zu reagieren. Durch die Einhaltung dieser Grenzen können spirituelle Gemeinschaften ein

Umfeld schaffen, das Sicherheit, Vertrauen und Wachstum fördert. Ein weiterer wichtiger Aspekt eines verantwortungsvollen Umgangs mit spiritueller Energie ist die Integration spiritueller Praktiken und Prinzipien in den Alltag. Spiritualität sollte nicht auf isolierte Rituale oder Zeremonien beschränkt sein, sondern sollte ein integraler Bestandteil unseres täglichen Lebens sein. Dies kann bedeuten, dass wir spirituelle Werte wie Mitgefühl, Dankbarkeit und Achtsamkeit in unseren Umgang mit anderen Menschen, unseren Beruf und unsere täglichen Routinen integrieren.

Gemeinschaftliche Verantwortung

Eine weitere wichtige Dimension ist die gemeinschaftliche Verantwortung im Umgang mit spiritueller Energie. Spirituelle Gemeinschaften und Organisationen tragen eine Verantwortung dafür, sicherzustellen, dass ihre Praktiken und Lehrmethoden ethisch und unterstützend sind. Dies erfordert klare Richtlinien, Schulungen für spirituelle Führer und eine offene Kommunikation innerhalb der Gemeinschaft. Darüber hinaus ist es wichtig, dass spirituelle Gemeinschaften eine Kultur der Fürsorge und Unterstützung fördern, in der Menschen sich gegenseitig unterstützen und ermutigen können.

Dies kann durch gemeinsame Rituale, Austausch von Erfahrungen und gegenseitige Unterstützung bei spirituellen Herausforderungen geschehen. Kulturelle Sensibilität und Diversität In einer zunehmend diversen Welt ist es wichtig, kulturelle Sensibilität und Diversität in spirituellen Gemeinschaften zu fördern. Dies bedeutet, dass spirituelle Praktiken und Lehren offen für verschiedene kulturelle Perspektiven und Hintergründe sein sollten. Es ist wichtig, die Vielfalt der menschlichen Erfahrung anzuerkennen und zu respektieren und sicherzustellen, dass spirituelle Gemeinschaften für alle zugänglich und unterstützend sind, unabhängig von ihrer Herkunft, Ethnizität oder Lebensweise. Zusammenfassung Ein verantwortungsvoller Umgang mit spiritueller Energie erfordert Achtsamkeit, Respekt, Ethik und Selbstreflexion. Durch die Einhaltung ethischer Leitlinien und Prinzipien können spirituelle Praktizierende sicherstellen, dass ihre Handlungen das Wohl aller Beteiligten fördern. Die Achtung von Grenzen und persönlicher Integrität ist entscheidend, um sicherzustellen, dass spirituelle Praktiken nicht dazu führen, dass die Rechte oder das Wohlbefinden anderer verletzt werden. Durch die Integration von Spiritualität in den Alltag und die Förderung einer Kultur der gemeinschaftlichen Verantwortung und Diversität können spirituelle Gemeinschaften dazu beitragen, eine gesunde und unterstützende Umgebung zu schaffen, die das Wachstum, die Heilung und die Entwicklung aller Beteiligten fördert.

7.4 Die Rolle der Gemeinschaft bei der Unterstützung ethischen Handelns

Die Entwicklung ethischer Praktiken im Umgang mit spiritueller Energie ist ein kontinuierlicher Prozess, der von der aktiven Beteiligung und Unterstützung der Gemeinschaft abhängt. Eine zentrale Möglichkeit, ethisches Handeln zu fördern, besteht in der Entwicklung eines gemeinsamen Ethik-Codex. Dieser Codex basiert auf den geteilten Werten und Normen der Gemeinschaft und bietet spezifische Richtlinien für die Verwendung spiritueller Energie zum Wohl aller Mitglieder. Durch partizipative Prozesse werden die Ansichten und Bedenken aller Mitglieder berücksichtigt, um sicherzustellen, dass der Codex für alle relevant ist. Eine weitere wichtige Rolle der Gemeinschaft besteht darin, Forschung und Wissensaustausch zu fördern. Durch die Zusammenarbeit mit Experten, die Durchführung von Studien und die Organisation von Konferenzen können neue Erkenntnisse gewonnen und bewährte Praktiken identifiziert werden. Dies ermöglicht es den Mitgliedern, besser informierte ethische Entscheidungen zu treffen und ihre spirituellen Praktiken verantwortungsbewusst zu gestalten. Die Integration von spiritueller Bildung in die Gemeinschaft ist ebenfalls von großer Bedeutung. Durch Schulungsprogramme, Kurse und Retreats können die Mitglieder ein tieferes Verständnis für die ethischen Dimensionen ihres Handelns entwickeln. Eine kontinuierliche spirituelle Bildung stellt sicher, dass die Mitglieder mit den erforderlichen Werkzeugen ausgestattet sind, um ethisch zu handeln und ihre spirituelle Reise bewusst zu gestalten. Ein weiterer Schritt zur Stärkung ethischen Handelns ist die Schaffung eines ethischen Leitungsorgans innerhalb der Gemeinschaft. Dieses Gremium besteht aus erfahrenen Praktizierenden, Gelehrten und ethischen Experten und ist für die Entwicklung von Richtlinien, die Bewertung ethischer Herausforderungen und die Unterstützung der Mitglieder bei Fragen oder Bedenken verantwortlich. Partnerschaften mit anderen Gemeinschaften und Organisationen können die Bemühungen zur Förderung ethischer Praktiken verstärken. Durch den Austausch von Ressourcen und Erfahrungen können Gemeinschaften voneinander lernen und gemeinsam an der Schaffung einer ethischeren Welt arbeiten. Diese Partnerschaften tragen dazu bei, das Bewusstsein für die Bedeutung ethischer Praktiken zu erhöhen und gemeinsame Werte zu stärken. Die Integration ethischer Richtlinien in Rituale und Zeremonien ist ein weiterer Schritt, um die Bedeutung ethischen Handelns zu betonen und die Verbindung zu den gemeinsamen Werten der Gemeinschaft zu stärken. Spirituelle Rituale bieten Gelegenheit zur Reflexion über ethische Fragen und zur Bekräftigung des Engagements für ein ethisches Leben. Eine Kultur der Achtsamkeit und Selbstreflexion fördert die bewusste Auseinandersetzung mit den eigenen Handlungen und deren Auswirkungen auf andere. Durch Meditation, Reflexionsgruppen und persönliche Tagebücher können die Mitglieder ihre Fähigkeit zur Selbstbeobachtung und Selbstregulierung stärken und sensibler für ethische Fragen im Umgang mit spiritueller Energie werden. Mechanismen zur Krisenintervention und Konfliktlösung sind entscheidend, um ethische Verstöße oder Konflikte innerhalb der Gemeinschaft angemessen zu behandeln. Durch die Einrichtung von Beschwerdeverfahren und Mediationsprozessen wird sichergestellt, dass Mitglieder angemessen unterstützt werden und Konflikte in einer Weise gelöst werden, die die Integrität und das Wohlergehen aller Beteiligten wahrt. Die Verankerung ethischer Prinzipien in der Gemeinschaftskultur ist von zentraler Bedeutung. Durch die Schaffung von Ritualen, Traditionen und Symbolen, die die Bedeutung ethischer Praktiken betonen, wird das Engagement der Mitglieder für ein ethisches Leben gefördert. Eine starke Gemeinschaftskultur, die auf gegenseitigem Respekt, Vertrauen und Verantwortlichkeit basiert, trägt dazu bei, dass ethische Standards dauerhaft im Mittelpunkt des gemeinschaftlichen Lebens stehen. Die Etablierung eines Mentoringsystems, die Einbeziehung von Kindern und Jugendlichen, der Schutz vor Ausbeutung und Missbrauch sowie die Förderung von Transparenz und Rechenschaftspflicht sind weitere wichtige Aspekte, die die Gemeinschaft bei der Unterstützung ethischen Handelns im Umgang mit spiritueller Energie stärken. Fortlaufende Evaluation und Anpassung, internationale Zusammenarbeit und Solidarität sowie Öffentlichkeitsarbeit und Advocacy tragen dazu bei, ethische Praktiken zu fördern und eine gerechtere und harmonischere Weltgemeinschaft zu schaffen. Durch die Implementierung dieser zusätzlichen Aspekte kann die Gemeinschaft ihre Rolle bei der Unterstützung ethischen Handelns im Umgang mit spiritueller Energie weiter stärken und sicherstellen, dass ihre Mitglieder einen sicheren und unterstützenden Raum haben, um ihre spirituellen Praktiken zu entwickeln und ethisch verantwortungsbewusst zu handeln.

Kapitel 8:

Die Zukunft der Spirituellen Energie

8.1 Technologische Entwicklungen und ihre Auswirkungen auf spirituelle Praktiken

Die Verbindung zwischen Technologie und Spiritualität ist ein faszinierendes und komplexes Thema, das eine Vielzahl von Perspektiven und Diskussionen hervorruft. Um ein umfassendes Verständnis dieser Thematik zu erlangen, ist es wichtig, verschiedene Aspekte zu berücksichtigen, die von der Entwicklung digitaler Medien bis hin zu philosophischen Fragen reichen. Das Internet hat zweifellos einen revolutionären Einfluss auf den Zugang zu spirituellen Ressourcen gehabt. Früher waren Menschen oft auf lokale Bibliotheken, Buchhandlungen oder spirituelle Lehrer in ihrer unmittelbaren Umgebung angewiesen, um Informationen über spirituelle Praktiken zu erhalten. Heute können sie jedoch mühelos auf eine Fülle von Ressourcen aus der ganzen Welt zugreifen. Von Online-Bibliotheken über Video-Streaming-Plattformen bis hin zu sozialen Medien bieten digitale Plattformen eine Vielzahl von Möglichkeiten, um Informationen über verschiedene spirituelle Traditionen, Lehren und Praktiken zu entdecken. Dieser grenzenlose Zugang ermöglicht es Menschen, sich über verschiedene spirituelle Pfade zu informieren, ihre eigenen Überzeugungen zu erforschen und sich mit einer globalen Gemeinschaft von Suchenden zu verbinden. In einer zunehmend digitalisierten Welt sehnen sich viele Menschen nach einer tieferen Verbindung und einem Gefühl der Gemeinschaft. Hier kommen virtuelle spirituelle Gemeinschaften ins Spiel. Durch Foren, Gruppen und soziale Netzwerke können Menschen mit ähnlichen spirituellen Interessen und Überzeugungen in Kontakt treten, Erfahrungen austauschen, Unterstützung finden und gemeinsam praktizieren, unabhängig von ihrem geografischen Standort. Diese virtuellen Gemeinschaften bieten einen Raum für gegenseitige Unterstützung, Inspiration und Wachstum und können insbesondere für Menschen in abgelegenen Gebieten oder mit begrenzten lokalen Ressourcen eine wertvolle Ressource darstellen. Neben dem Zugang zu Informationen und

Gemeinschaften hat Technologie auch die Art und Weise verändert, wie Menschen ihre spirituelle Praxis ausüben. Meditations- und Achtsamkeits-Apps sind ein Beispiel dafür, wie Technologie dazu beitragen kann, spirituelle Praktiken zugänglicher und einfacher zu machen. Diese Apps bieten eine Vielzahl von geführten Meditationen, Achtsamkeitsübungen und Entspannungstechniken, die es den Benutzern ermöglichen, ihre Praxis zu vertiefen und die Vorteile von Meditation und Achtsamkeit in ihrem täglichen Leben zu erfahren. Darüber hinaus ermöglichen Technologien wie Biofeedback-Geräte oder Wearables eine genauere Messung und Verfolgung von physiologischen Parametern während der Meditation, was den Benutzern ein besseres Verständnis ihrer Praxis und ihres Fortschritts ermöglicht. Eine der aufregendsten Entwicklungen im Bereich der Technologie ist die Virtual Reality (VR) und ihre Fähigkeit, immersive Erfahrungen zu schaffen. Im Kontext der Spiritualität bietet VR die Möglichkeit, virtuelle Umgebungen zu erkunden, die spirituelle Orte wie Tempel, Schreine oder heilige Stätten nachbilden. Durch VR können Benutzer in diese virtuellen Welten eintauchen und transformative spirituelle Erfahrungen machen, ohne physisch an diesen Orten anwesend zu sein. Diese immersive Technologie eröffnet neue Möglichkeiten für spirituelle Pilgerreisen, Meditationen und Zeremonien und ermöglicht es den Menschen, spirituelle Gemeinschaften und Rituale zu erleben, die sie sonst vielleicht nie erlebt hätten. Trotz der vielen Vorteile, die Technologie für die spirituelle Praxis bietet, gibt es auch Herausforderungen und Risiken, die es zu berücksichtigen gilt. Eine der größten Herausforderungen ist die digitale Ablenkung und Überstimulation, die durch die ständige Verfügbarkeit von digitalen Geräten und sozialen Medien entsteht. Der ständige Zugang zu Ablenkungen und Unterhaltung kann es schwierig machen, sich auf die spirituelle Praxis zu konzentrieren und innere Stille zu finden. Darüber hinaus kann der übermäßige Gebrauch von Technologie zu einem Gefühl der Entfremdung und Isolation führen, das dem Streben nach spiritueller Verbundenheit entgegenwirken kann. Angesichts dieser Herausforderungen ist es von entscheidender Bedeutung, dass Menschen einen bewussten und ausgewogenen Umgang mit

Technologie pflegen, insbesondere im Kontext ihrer spirituellen Praxis. Dies kann bedeuten, regelmäßige digitale Entgiftungsphasen einzuplanen, die Nutzung von Technologie auf bestimmte Zeiten oder Zwecke zu beschränken oder bewusstere Entscheidungen darüber zu treffen, wie sie ihre Zeit online verbringen. Darüber hinaus ist es wichtig, Technologie nicht nur als Werkzeug zur Verbesserung der spirituellen Praxis zu betrachten, sondern auch als Instrument zur Förderung von Verbindung, Mitgefühl und Wachstum. Bei der Integration von Technologie in die spirituelle Praxis sind auch ethische Fragen zu berücksichtigen. Dies umfasst Fragen des Datenschutzes, der Privatsphäre und der Sicherheit bei der Nutzung von Online-Plattformen sowie die Verantwortung der Entwickler und Anbieter von Technologien, sicherzustellen, dass ihre Produkte ethische Standards erfüllen und das Wohlergehen der Benutzer fördern. Darüber hinaus sollten sich spirituelle Praktizierende bewusst sein, wie ihre persönlichen Daten verwendet werden und welche Auswirkungen dies auf ihre spirituelle Reise haben könnte. Bildung und kritische Reflexion spielen eine wichtige Rolle dabei, ein ausgewogenes Verständnis für die

Beziehung zwischen Technologie und Spiritualität zu entwickeln. Menschen sollten ermutigt werden, sich über die Auswirkungen von Technologie auf ihre spirituelle Praxis zu informieren und kritisch zu reflektieren, wie sie Technologie in ihr spirituelles Leben integrieren. Dies kann bedeuten, sich über die potenziellen Vor- und Nachteile verschiedener Technologien zu informieren, alternative Ansätze zu erkunden oder sich mit anderen spirituellen Praktizierenden auszutauschen, um Erfahrungen und Einsichten zu teilen. In einer Welt, die zunehmend von Technologie geprägt ist, ist es wichtig, einen ganzheitlichen Ansatz zur Integration von Technologie und Spiritualität zu verfolgen. Dies bedeutet, Technologie nicht nur als Werkzeug zur Verbesserung der spirituellen Praxis zu betrachten, sondern auch als Instrument zur Förderung von Verbindung, Mitgefühl und Wachstum. Indem wir bewusst mit Technologie umgehen und sie mit einem tieferen Verständnis für ihre Auswirkungen auf unser spirituelles Wohlbefinden einsetzen, können wir eine ausgewogene und bereichernde Beziehung zwischen Technologie und Spiritualität entwickeln. Schließlich spielt Spiritualität auch eine wichtige

Rolle bei der Gestaltung der Zukunft der Technologie. Indem wir uns mit spirituellen Werten wie Mitgefühl, Achtsamkeit und Verbundenheit verbinden, können wir eine Technologie schaffen, die das Wohl aller Lebewesen fördert und zum spirituellen Wachstum und zur Entwicklung einer harmonischen Gesellschaft beiträgt. Darüber hinaus können spirituelle Prinzipien wie Respekt vor der Natur, Achtung vor der Vielfalt und Verantwortungsbewusstsein gegenüber zukünftigen Generationen dazu beitragen, ethische Richtlinien für die Entwicklung und Nutzung von Technologie zu etablieren. Insgesamt zeigt die Verbindung zwischen Technologie und Spiritualität, wie vielfältig und dynamisch diese beiden Bereiche miteinander verbunden sind. Indem wir die Chancen und Herausforderungen, die sich aus dieser Verbindung ergeben, sorgfältig untersuchen und reflektieren, können wir eine tiefere Einsicht in die Rolle von Technologie in unserem spirituellen Leben gewinnen und Wege finden, wie wir sie bewusst und verantwortungsbewusst nutzen können, um unser spirituelles Wachstum und Wohlbefinden zu fördern.

8.2 Wissenschaftliche Fortschritte im Verständnis von spiritueller Energie

Wissenschaftliche Fortschritte haben zweifellos dazu beigetragen, unser Verständnis von spiritueller Energie auf eine neue Ebene zu heben. Während spirituelle Konzepte oft als abstrakt oder metaphysisch betrachtet wurden, beginnen sie nun, in den Blickpunkt wissenschaftlicher Untersuchungen zu rücken. Diese zunehmende Integration von Wissenschaft und Spiritualität hat dazu geführt, dass traditionelle Vorstellungen von spiritueller Energie in einem modernen wissenschaftlichen Kontext neu betrachtet und interpretiert werden.
Neurowissenschaftliche Forschung hat unser Verständnis von spirituellen Erfahrungen grundlegend verändert. Durch den Einsatz modernster bildgebender Verfahren wie funktionelle Magnetresonanztomographie (fMRT) und Elektroenzephalographie (EEG) können Forscher nun die Gehirnaktivität während spiritueller Praktiken wie Meditation, Gebet und Ekstase untersuchen. Studien haben gezeigt, dass bestimmte Regionen des

Gehirns, darunter der präfrontale Kortex und der mediale parietale Kortex, während dieser Erfahrungen aktiviert werden. Diese Regionen sind mit Funktionen wie Selbstreflexion, emotionaler Regulation und der Verarbeitung von Sinneseindrücken verbunden. Darüber hinaus haben neurowissenschaftliche Studien gezeigt, dass spirituelle Erfahrungen mit der Freisetzung bestimmter Neurotransmitter und Hormone im Gehirn einhergehen können, darunter Dopamin, Serotonin und Endorphine. Diese neurochemischen Veränderungen können dazu beitragen, das Gefühl der Verbundenheit, Glückseligkeit und Euphorie zu verstärken, das viele Menschen während spiritueller Praktiken erleben. Ein weiterer wichtiger Aspekt ist die Untersuchung von Langzeitveränderungen im Gehirn aufgrund regelmäßiger spiritueller Praktiken. Es gibt Hinweise darauf, dass Meditation und andere spirituelle Übungen neuroplastische Effekte haben können, was bedeutet, dass sie die Struktur und Funktion des Gehirns langfristig verändern können. Diese neuroplastischen Veränderungen können dazu beitragen, das emotionale Wohlbefinden, die Stressbewältigungsfähigkeit und die kognitive Leistungsfähigkeit zu verbessern. Zusammenfassend lässt sich sagen, dass neurowissenschaftliche Forschung einen faszinierenden Einblick in die biologischen Grundlagen spiritueller Erfahrungen bietet und dazu beiträgt, die Mechanismen zu verstehen, die diesen Phänomenen zugrunde liegen. Die Quantenphysik hat traditionelle Vorstellungen von Energie und Materie grundlegend verändert. Auf subatomarer Ebene haben Physiker entdeckt, dass Materie letztendlich aus Energie besteht, die in verschiedenen Energiezuständen existiert. Diese Erkenntnis hat dazu beigetragen, das Verständnis von spiritueller Energie zu erweitern, indem sie gezeigt hat, dass Energie nicht nur eine abstrakte Idee, sondern eine grundlegende Kraft ist, die das Universum durchdringt und miteinander verbindet. Ein Schlüsselkonzept der Quantenphysik, das mit spirituellen Vorstellungen in Verbindung gebracht wird, ist die Idee des Energieflusses und der Interkonnektivität. Auf subatomarer Ebene sind Teilchen untrennbar miteinander verbunden, und Veränderungen in einem Teilchen können sich sofort auf andere Teilchen auswirken, unabhängig von der räumlichen Entfernung. Diese nichtlokale Verbindung wird oft als Hinweis darauf betrachtet, dass alles im Universum miteinander verbunden ist und dass es eine universelle Energie gibt, die alles durchdringt. Darüber hinaus hat die Quantenphysik das Konzept der Quantenverschränkung eingeführt, bei dem Teilchen auf eine Weise miteinander verbunden sind, dass der Zustand eines Teilchens unmittelbar den Zustand des anderen beeinflusst, unabhängig von der Entfernung zwischen ihnen. Diese Idee hat dazu beigetragen, das Konzept einer universellen Verbundenheit zu stärken, das in vielen spirituellen Traditionen zu finden ist. Zusammenfassend lässt sich sagen, dass die Quantenphysik einen neuen Rahmen für das Verständnis von spiritueller Energie bereitgestellt hat, der traditionelle Vorstellungen erweitert und vertieft. Psychologische Forschung hat einen bedeutenden Beitrag zum Verständnis der Beziehung zwischen Bewusstsein und Spiritualität geleistet. Eine der am häufigsten untersuchten spirituellen Praktiken in der Psychologie ist die Meditation. Zahlreiche Studien haben gezeigt, dass Meditation positive Auswirkungen auf das psychische Wohlbefinden haben kann, indem sie Stress reduziert, emotionale Resilienz

fördert und das allgemeine Wohlbefinden steigert. Darüber hinaus hat die psychologische Forschung begonnen, die Mechanismen zu untersuchen, durch die spirituelle Praktiken diese positiven Veränderungen bewirken können. Eine Theorie, die in diesem Zusammenhang häufig diskutiert wird, ist die des "Selbsttranszendenz", bei der spirituelle Erfahrungen dazu führen, dass das individuelle Selbstgefühl erweitert wird, um eine größere Verbundenheit mit anderen Menschen, der Natur oder einer höheren Macht zu erleben. Ein weiterer wichtiger Bereich der psychologischen Forschung ist die Untersuchung von Bewusstseinsveränderungen im Zusammenhang mit spirituellen Erfahrungen. Studien haben gezeigt, dass spirituelle Erfahrungen mit Veränderungen im Bewusstseinszustand einhergehen können, darunter erhöhte Achtsamkeit, veränderte Zeitempfindung und eine gesteigerte Wahrnehmung von Sinn und Zweck im Leben.
Zusammenfassend lässt sich sagen, dass psychologische Forschung einen wertvollen Beitrag zum Verständnis der psychologischen Mechanismen spiritueller Erfahrungen leistet und dazu beiträgt, ihre Auswirkungen auf

das Wohlbefinden und die Bewusstseinsveränderungen zu verstehen. Biophysikalische Forschung hat begonnen, die Rolle von Energieflüssen im Körper zu untersuchen, die mit traditionellen Konzepten von Lebensenergie oder Prana in Verbindung gebracht werden. Eine der am häufigsten untersuchten Energiesysteme ist das Meridiansystem, das in traditionellen chinesischen Medizin und anderen alternativen Heilmethoden verwendet wird. Dieses System postuliert die Existenz von Energiekanälen im Körper, durch die eine vitale Energie, bekannt als Qi, fließt. Moderne Untersuchungen haben gezeigt, dass diese Energiekanäle mit bestimmten physiologischen Strukturen im Körper korrelieren können, darunter Nervenbahnen, Blutgefäße und Lymphwege. Darüber hinaus haben Studien gezeigt, dass bestimmte Techniken wie Akupunktur und Qigong tatsächlich physiologische Veränderungen im Körper bewirken können, indem sie den Fluss von Energie regulieren und das Gleichgewicht im Körper wiederherstellen. Ein weiterer Bereich der biophysikalischen Forschung betrifft die Untersuchung von Biofeldern, die das elektromagnetische

Feld um den Körper herum beschreiben. Studien haben gezeigt, dass diese Biofelder mit bestimmten physiologischen und psychologischen Zuständen korrelieren können und möglicherweise eine Rolle bei der Übertragung von Informationen und Energie im Körper spielen. Zusammenfassend lässt sich sagen, dass biophysikalische Forschung einen wichtigen Beitrag zum Verständnis der physiologischen Grundlagen spiritueller Energie leistet und dazu beiträgt, traditionelle Konzepte in einen modernen wissenschaftlichen Rahmen einzubetten. Die zunehmende Zusammenarbeit zwischen verschiedenen wissenschaftlichen Disziplinen und spirituellen Praktizierenden hat zu einer breiteren und tieferen Untersuchung von spiritueller Energie geführt. Durch interdisziplinäre Ansätze können Forscher ihr Wissen und ihre Perspektiven kombinieren, um ein umfassenderes Verständnis des Phänomens zu entwickeln. Diese Zusammenarbeit trägt dazu bei, Brücken zwischen scheinbar disparaten Bereichen zu bauen und die Vielschichtigkeit des Phänomens zu erforschen. Ein Beispiel für interdisziplinäre Zusammenarbeit ist die Verbindung von

Neurowissenschaften und Meditationstraditionen. Forscher und Praktizierende arbeiten zusammen, um die Auswirkungen von Meditation auf das Gehirn zu untersuchen und gleichzeitig die traditionellen Praktiken und Überzeugungen zu respektieren. Durch diese Zusammenarbeit können beide Seiten voneinander lernen und neue Erkenntnisse gewinnen. Darüber hinaus gibt es auch interkulturelle und interreligiöse Zusammenarbeit, die es ermöglicht, verschiedene spirituelle Traditionen und Praktiken zu erforschen und zu verstehen. Durch den Austausch von Wissen und Erfahrungen können Forscher und Praktizierende eine tiefere Wertschätzung für die Vielfalt spiritueller Erfahrungen entwickeln und gemeinsam neue Erkenntnisse gewinnen. Zusammenfassend lässt sich sagen, dass interdisziplinäre Zusammenarbeit einen wichtigen Beitrag zum Verständnis von spiritueller Energie leistet, indem sie verschiedene Perspektiven und Methoden zusammenführt und so ein umfassenderes Bild des Phänomens ermöglicht. Ein weiterer wichtiger Aspekt ist die Anerkennung der kulturellen Vielfalt und der verschiedenen Kontexte, in denen spirituelle Praktiken und Konzepte existieren. Spiritualität ist ein äußerst vielschichtiges Phänomen, das in verschiedenen Kulturen und Traditionen unterschiedlich verstanden und praktiziert wird. Daher ist es wichtig, bei der Erforschung von spiritueller Energie die kulturellen Unterschiede zu berücksichtigen und die unterschiedlichen Bedeutungen und Ausdrucksformen von Spiritualität zu respektieren. Ein Beispiel für die Berücksichtigung kultureller Vielfalt ist die Untersuchung von Heilungspraktiken in verschiedenen indigenen Gemeinschaften. Forscher erkunden die Verwendung von Pflanzenheilmitteln, Rituale und spirituelle Praktiken, um zu verstehen, wie diese Gemeinschaften spirituelle Energie konzeptualisieren und nutzen. Durch die Anerkennung und Wertschätzung dieser kulturellen Vielfalt können Forscher ein umfassenderes Verständnis von spiritueller Energie entwickeln und gleichzeitig zur Erhaltung und Förderung indigener Kulturen beitragen. Darüber hinaus ist es wichtig, spirituelle Konzepte und Praktiken in ihren historischen und soziokulturellen Kontext zu stellen. Zum Beispiel können bestimmte spirituelle Symbole oder Rituale in einer bestimmten kulturellen Tradition eine tiefere Bedeutung haben, die ohne Kenntnis dieses Kontexts leicht übersehen werden kann. Durch die kontextuelle Einbettung von spirituellen Konzepten können Forscher ein genaueres Verständnis der Bedeutung und Anwendung dieser Konzepte gewinnen. Zusammenfassend lässt sich sagen, dass die Berücksichtigung kultureller Vielfalt und Kontextualisierung einen wichtigen Beitrag zum Verständnis von spiritueller Energie leistet, indem sie die Vielfalt menschlicher Erfahrungen und Ausdrucksformen anerkennt und würdigt. Mit dem Fortschritt im Verständnis spiritueller Energie geht auch die Verantwortung einher, ethische Standards in der Forschung und Anwendung zu wahren. Es ist wichtig, die Auswirkungen und möglichen Missbrauchsmöglichkeiten dieser Erkenntnisse zu berücksichtigen und sicherzustellen, dass sie zum Wohle der Gesellschaft und des Einzelnen genutzt werden. Dies erfordert eine kontinuierliche Reflexion über die ethischen Dimensionen der Forschung sowie einen Dialog mit spirituellen Gemeinschaften und Praktizierenden über die angemessene Verwendung und Interpretation dieser Erkenntnisse. Ein wichtiger ethischer Aspekt betrifft die Anerkennung und Respektierung der Autonomie und Selbstbestimmung von Individuen in Bezug auf ihre spirituellen Überzeugungen und Praktiken. Forscher sollten sensibel gegenüber den Werten und Überzeugungen derjenigen sein, mit denen sie arbeiten, und sicherstellen, dass ihre Forschung nicht dazu führt, dass spirituelle Praktiken instrumentalisiert oder entfremdet werden. Darüber hinaus ist es wichtig, potenzielle Risiken und Nebenwirkungen von spirituellen Praktiken und Interventionen zu berücksichtigen und sicherzustellen, dass die Teilnehmer angemessen informiert und geschützt sind. Dies erfordert eine sorgfältige Abwägung der potenziellen Vorteile und Risiken sowie eine transparente Kommunikation mit den Teilnehmern. Zusammenfassend lässt sich sagen, dass Ethik und Verantwortung wesentliche Aspekte der Forschung und Anwendung von spiritueller Energie sind und sicherstellen, dass sie zum Wohl der Gesellschaft und des Einzelnen genutzt wird. Insgesamt haben wissenschaftliche Fortschritte dazu beigetragen, unser Verständnis von spiritueller Energie auf eine fundiertere und umfassendere Basis zu stellen. Durch die Integration von

Erkenntnissen aus Neurowissenschaften, Quantenphysik, Psychologie und Biophysik können wir ein tieferes Verständnis für die biologischen, psychologischen und physikalischen Grundlagen spiritueller Erfahrungen entwickeln und gleichzeitig traditionelle spirituelle Konzepte in einen modernen wissenschaftlichen Rahmen einbetten. Dies eröffnet neue Möglichkeiten für die Erforschung und Anwendung von spiritueller Energie in verschiedenen Bereichen des menschlichen Lebens.

8.3 Gesellschaftliche Veränderungen und ihre Auswirkungen auf spirituelle Entwicklung

Gesellschaftliche Veränderungen haben einen tiefgreifenden Einfluss auf die spirituelle Entwicklung und das Verständnis von Spiritualität. Diese Veränderungen können sowohl positive als auch negative Auswirkungen haben und die Art und Weise, wie Menschen ihre spirituelle Reise erleben, beeinflussen. Hier sind einige wichtige Aspekte gesellschaftlicher Veränderungen und ihre Auswirkungen auf die spirituelle Entwicklung.Die zunehmende kulturelle Vielfalt und der Pluralismus in modernen Gesellschaften haben zu einem breiteren Spektrum von spirituellen Traditionen, Praktiken und Überzeugungen geführt. Menschen haben jetzt Zugang zu einer Vielzahl von spirituellen Lehrern, Gurus, Heilern und Traditionen aus verschiedenen Kulturen und Traditionen. Dies bietet die Möglichkeit, verschiedene spirituelle Wege zu erforschen und eine individuelle spirituelle Praxis zu entwickeln, die zu den persönlichen Bedürfnissen und Überzeugungen passt. Der Trend zur Individualisierung und Selbstverwirklichung hat dazu geführt, dass Menschen vermehrt nach persönlicher Erfüllung, Sinnhaftigkeit und Spiritualität suchen. Im Zeitalter der Selbstoptimierung und des persönlichen Wachstums suchen viele Menschen nach spirituellen Praktiken und Lehren, die ihnen helfen, sich selbst zu erkennen, ihr volles Potenzial zu entfalten und ein sinnerfülltes Leben zu führen. Dies kann zu einem verstärkten Interesse an Meditation, Yoga, Achtsamkeit und anderen spirituellen Praktiken führen, die zur persönlichen Entwicklung beitragen. Während technologischer Fortschritt viele Vorteile bietet, kann er auch zu einer Entfremdung von der Natur, der Spiritualität und der eigenen inneren Welt führen. Die zunehmende Abhängigkeit von digitalen Geräten, sozialen Medien und virtuellen Welten kann dazu führen, dass Menschen den Kontakt zur natürlichen Welt und zu ihrer eigenen spirituellen Quelle verlieren. Dies kann zu einem Gefühl der Leere, Entfremdung und spirituellen Suche führen. Die Globalisierung hat zu weitreichenden sozialen Veränderungen geführt, die auch Auswirkungen auf die spirituelle Entwicklung haben können. Migration, Urbanisierung, wirtschaftliche

Ungleichheit und soziale Unsicherheit können zu Stress, Angst und Unsicherheit führen, die wiederum das Bedürfnis nach spiritueller Unterstützung und Sinngebung verstärken können. In dieser Zeit des Wandels suchen viele Menschen nach spirituellen Ressourcen und Gemeinschaften, die ihnen Halt und Orientierung bieten können. Die zunehmende Umweltkrise und die Bedrohung durch den Klimawandel haben zu einem wachsenden Bewusstsein für die Verwundbarkeit des Planeten und die Notwendigkeit einer spirituellen Transformation geführt. Viele Menschen erkennen die enge Verbindung zwischen ihrer eigenen spirituellen Entwicklung und dem Wohl des Planeten und suchen nach spirituellen Praktiken und Lehren, die ihnen helfen können, eine tiefere Verbindung zur Natur und zur Gemeinschaft aller Lebewesen zu entwickeln. Technologische Integration in spirituelle Praktiken: Der technologische Fortschritt hat auch neue Möglichkeiten für spirituelle Erfahrungen eröffnet. Apps und Online-Plattformen bieten Meditationen, spirituelle Lehrer und Gemeinschaften virtuell an, was Menschen Zugang zu spirituellen Ressourcen unabhängig von ihrem

Standort ermöglicht. Virtual Reality wird auch in spirituellen Praktiken wie virtuellen Pilgerreisen oder meditativen Erfahrungen eingesetzt, um Menschen zu unterstützen, tiefe spirituelle Erfahrungen zu machen, die sie sonst möglicherweise nicht hätten. Diese Integration von Technologie kann sowohl Chancen als auch Herausforderungen für die spirituelle Entwicklung darstellen, da sie neue Wege der Verbindung und des Zugangs bietet, aber auch das Risiko einer weiteren Entfremdung von der realen Welt birgt. Die Rolle von Bildung und Wissenschaft: In modernen Gesellschaften wird Bildung oft als Weg zur persönlichen und beruflichen Entwicklung angesehen, aber sie kann auch eine wichtige Rolle bei der spirituellen Entwicklung spielen. Die Integration von Spiritualität in Bildungsprogramme kann dazu beitragen, ein tieferes Verständnis für das Leben, das Selbst und die Welt zu fördern. Darüber hinaus können wissenschaftliche Erkenntnisse über Bewusstsein, Meditation und die Wirkung von spirituellen Praktiken dazu beitragen, den Wert und die Wirksamkeit dieser Praktiken zu legitimieren und zu fördern. Die Suche nach Sinn und Zweck: In einer Welt, die von

Unsicherheit und Wandel geprägt ist, suchen viele Menschen nach Sinn und Zweck in ihrem Leben. Die spirituelle Suche kann eine Antwort auf diese grundlegende menschliche Sehnsucht bieten, indem sie eine Verbindung zu etwas Größerem herstellt und einen Rahmen für persönliches Wachstum und Entwicklung bietet. Spiritualität kann Menschen dabei helfen, Sinn in schwierigen Zeiten zu finden und eine Perspektive zu entwickeln, die über die materiellen Aspekte des Lebens hinausreicht. Die Rolle von Gemeinschaft und Ritualen: Spirituelle Gemeinschaften und Rituale spielen eine wichtige Rolle bei der Unterstützung von Menschen auf ihrer spirituellen Reise. Durch den Austausch von Erfahrungen, die Unterstützung von Gleichgesinnten und die Teilnahme an gemeinsamen Ritualen können Menschen ein Gefühl der Verbundenheit und Zugehörigkeit erleben, das ihnen hilft, spirituelle Praktiken in ihrem täglichen Leben zu integrieren und aufrechtzuerhalten. In einer hektischen und oft überreizten Welt kann Achtsamkeit eine wichtige spirituelle Praxis sein, die es Menschen ermöglicht, sich mit ihrer inneren Welt zu verbinden und den gegenwärtigen Moment bewusst zu erleben. Durch Achtsamkeitsübungen können

Menschen lernen, ihre Gedanken, Emotionen und körperlichen Empfindungen zu beobachten, ohne sie zu bewerten oder zu beurteilen, und eine tiefere Ebene des Selbstverständnisses und der Selbstakzeptanz entwickeln. Die Integration von Spiritualität in das tägliche Leben: Spirituelle Entwicklung ist kein isolierter Prozess, sondern sollte in das tägliche Leben integriert werden. Dies kann durch regelmäßige spirituelle Praktiken wie Meditation, Gebet, Yoga oder Naturrituale geschehen, aber auch durch die bewusste Ausrichtung auf spirituelle Werte wie Mitgefühl, Dankbarkeit und Liebe im Alltag. Indem Menschen spirituelle Prinzipien in ihr tägliches Leben einbeziehen, können sie eine tiefere Erfahrung von Verbundenheit, Erfüllung und Sinn finden. Die Rolle von Krisen und Herausforderungen: Oft sind es Krisen und Herausforderungen, die den Anstoß für eine spirituelle Suche geben. In Zeiten von Leid, Verlust oder Veränderung können Menschen gezwungen sein, sich mit existenziellen Fragen auseinanderzusetzen und nach einem tieferen Sinn und Zweck zu suchen. Diese Krisen können auch eine Gelegenheit für spirituelles Wachstum und Transformation sein, indem sie Menschen dazu ermutigen, alte Überzeugungen loszulassen und neue Wege der Spiritualität zu erkunden. Spirituelle Entwicklung beinhaltet oft eine Verschiebung von einem egozentrischen zu einem ganzheitlichen Weltbild, das Dankbarkeit und Demut einschließt. Durch die Praxis der Dankbarkeit können Menschen lernen, die Schönheit und Fülle des Lebens in den kleinen Dingen des Alltags zu erkennen und eine tiefere Wertschätzung für das Geschenk des Lebens zu entwickeln. Gleichzeitig kann Demut Menschen dabei helfen, sich mit einer größeren spirituellen Realität jenseits ihres individuellen Selbst zu verbinden und eine tiefere Verbundenheit mit allen Lebewesen zu erfahren. Insgesamt zeigen diese Aspekte, wie gesellschaftliche Veränderungen die spirituelle Entwicklung beeinflussen und wie Spiritualität gleichzeitig eine Quelle der Resilienz, des Wachstums und der Transformation in einer sich wandelnden Welt sein kann. Indem Menschen sich auf ihre spirituelle Reise begeben und sich mit ihrem innersten Wesen verbinden, können sie ein tieferes Verständnis für sich selbst, ihre Mitmenschen und die Welt um sie herum entwickeln und letztendlich zu einem größeren Gefühl von Frieden, Freude und Erfüllung gelangen.

8.4 Visionen einer harmonischen Zukunft durch die Entfaltung spiritueller Energie

Ich werde einige der Punkte detaillierter ausführen und zusätzliche Gedanken und Beispiele einbringen, um die Vision einer harmonischen Zukunft durch die Entfaltung spiritueller Energie weiter zu vertiefen. Die Integration spiritueller Praktiken in den Alltag ist ein wesentlicher Bestandteil eines Lebens im Einklang mit der eigenen Spiritualität. Indem Menschen diese Praktiken regelmäßig ausüben, können sie eine tiefere Verbindung zu ihrem inneren Selbst und zur Welt um sie herum aufbauen. Meditation ist eine der bekanntesten spirituellen Praktiken, die dazu beiträgt, den Geist zu beruhigen und eine innere Ruhe zu finden. Durch regelmäßige Meditation können Menschen nicht nur Stress abbauen, sondern auch ein tieferes Verständnis für sich selbst entwickeln. Neben Meditation können auch Achtsamkeitspraktiken in den Alltag integriert werden. Achtsamkeit bedeutet, sich bewusst auf den gegenwärtigen Moment zu konzentrieren, ohne zu urteilen. Dies kann durch einfache Übungen wie bewusstes Atmen, bewusstes Essen oder bewusstes Gehen erreicht werden. Indem Menschen achtsam leben, können sie ihre Wahrnehmung schärfen und ein tieferes Verständnis für sich selbst und ihre Umgebung entwickeln. Auch körperliche Aktivitäten wie Yoga können eine Form der spirituellen Praxis sein. Yoga vereint Körper, Geist und Seele und kann dabei helfen, die innere Balance zu finden und die spirituelle Entwicklung zu fördern. Durch die Kombination von körperlichen Asanas, Atemübungen und Meditation kann Yoga eine ganzheitliche Praxis sein, die nicht nur die körperliche Gesundheit verbessert, sondern auch das spirituelle Wachstum unterstützt. Darüber hinaus können auch Rituale und Zeremonien eine Rolle bei der Integration spiritueller Praktiken in den Alltag spielen. Diese können je nach kulturellem Hintergrund und persönlichen Überzeugungen variieren, aber ihr Zweck ist oft, eine Verbindung zu höheren spirituellen Kräften herzustellen und den Geist zu erheben. Die Förderung eines tieferen Verständnisses für spirituelle Praktiken und ihre Auswirkungen erfordert Bildung und Bewusstseinsbildung auf verschiedenen Ebenen der

Gesellschaft. In Schulen und Universitäten können Kurse über Religion, Spiritualität und Philosophie angeboten werden, um den Schülern ein breites Verständnis für verschiedene spirituelle Traditionen zu vermitteln. Diese Kurse könnten auch praktische Übungen und Meditationstechniken enthalten, um den Schülern zu helfen, ihre eigene spirituelle Reise zu beginnen. Darüber hinaus ist es wichtig, dass die Medien eine positive Darstellung von Spiritualität und spirituellen Praktiken fördern. Filme, Bücher und andere Medien können dazu beitragen, das Bewusstsein für die Bedeutung der spirituellen Entwicklung zu schärfen und Menschen zu ermutigen, ihre eigene spirituelle Reise anzutreten. Es ist wichtig, dass diese Darstellungen nicht nur auf eine bestimmte religiöse Tradition beschränkt sind, sondern eine Vielfalt von Perspektiven und Ansätzen berücksichtigen. Community-Zentren und spirituelle Organisationen können auch eine wichtige Rolle bei der Bildung und Bewusstseinsbildung spielen, indem sie Kurse, Workshops und Veranstaltungen anbieten, die Menschen helfen, ein tieferes Verständnis für ihre Spiritualität zu entwickeln. Diese Organisationen können auch Ressourcen und Unterstützung für diejenigen bereitstellen, die auf ihrer spirituellen Reise Unterstützung suchen. Die Verwirklichung der Vision einer harmonischen Zukunft durch die Entfaltung spiritueller Energie erfordert kollaborative Bemühungen zwischen verschiedenen Gruppen und Organisationen. Interreligiöse Dialoge und Zusammenarbeit können dazu beitragen, ein Gefühl der Verbundenheit und Einheit zwischen verschiedenen Glaubensrichtungen zu fördern und Vorurteile und Vorurteile abzubauen. Gemeinsame Projekte und Veranstaltungen, die spirituelle Praktiken mit Umweltschutz und Nachhaltigkeit verbinden, können Menschen dazu inspirieren, eine tiefere Verbindung zur Natur zu entwickeln und sich für den Schutz und die Erhaltung der natürlichen Welt einzusetzen. Zum Beispiel könnten Gemeinden gemeinsame Gärten anlegen oder ökologische Projekte initiieren, die das Bewusstsein für die Bedeutung des Umweltschutzes stärken. Darüber hinaus können auch spirituelle Gemeinschaften und Organisationen zusammenarbeiten, um gemeinsame Ziele zu erreichen und sich gegenseitig zu unterstützen. Durch den Austausch von Ressourcen,

Wissen und Erfahrungen können sie ihre Wirkung verstärken und gemeinsam eine positivere Zukunft gestalten. Jeder Einzelne trägt eine Verantwortung dafür, diese Vision in seinem eigenen Leben und seiner Gemeinschaft umzusetzen. Dies erfordert einen bewussten Einsatz für persönliches spirituelles Wachstum, die Förderung von interkultureller Harmonie, die Umsetzung nachhaltiger Lebensweisen und die aktive Beteiligung an gemeinschaftlichen Aktivitäten. Indem Menschen sich ihrer eigenen Kraft bewusst werden und sich für positive Veränderungen einsetzen, können sie als Vorbilder dienen und andere inspirieren, es ihnen gleichzutun. Zum Beispiel könnten sie lokale Gemeinschaftsprojekte unterstützen, sich für soziale Gerechtigkeit einsetzen oder sich für den Umweltschutz engagieren. Es ist auch wichtig, dass Menschen sich selbst reflektieren und an ihrer eigenen spirituellen Entwicklung arbeiten. Dies kann durch regelmäßige Meditation, Selbstreflexion und den Austausch mit anderen spirituellen Praktizierenden geschehen. Indem sie sich mit ihrer eigenen Spiritualität verbinden, können sie eine tiefere Verbindung zu sich selbst und zur Welt um sie herum aufbauen und ein Leben führen, das im

Einklang mit ihren spirituellen Werten steht. Die Umsetzung dieser Vision muss sich an die unterschiedlichen kulturellen, sozialen und wirtschaftlichen Kontexte anpassen. Was in einer Gemeinschaft funktioniert, mag in einer anderen möglicherweise nicht funktionieren. Daher ist es wichtig, Ansätze zu entwickeln, die auf die spezifischen Bedürfnisse und Gegebenheiten einer Gemeinschaft zugeschnitten sind. Dies erfordert ein einfühlsames Verständnis für die lokalen Traditionen, Bedürfnisse und Herausforderungen sowie die Entwicklung von flexiblen und anpassungsfähigen Strategien. Zum Beispiel könnten Programme zur Förderung der spirituellen Entwicklung in ländlichen Gebieten anders gestaltet sein als in städtischen Gebieten. Es ist wichtig, dass diese Programme die Vielfalt der Menschen berücksichtigen und inklusiv sind, unabhängig von ihrem kulturellen oder religiösen Hintergrund. Insgesamt erfordert die Verwirklichung dieser Vision eine ganzheitliche und koordinierte Anstrengung auf individueller, gesellschaftlicher und globaler Ebene. Indem wir uns gemeinsam für spirituelles Wachstum, interkulturelle Harmonie, nachhaltige Lebensweisen und gemeinschaftliche

Zusammenarbeit einsetzen, können wir eine Welt schaffen, die von Frieden, Liebe und spirituellem Fortschritt geprägt ist.

Abschluss:

Eine Einladung zur Entdeckung Ihrer eigenen Spirituellen Energie

Abschluss 1: Ratschläge für die persönliche spirituelle Praxis

Als Abschluss dieses Buches über die spirituelle Energie des Menschen möchte ich einige Ratschläge für Ihre persönliche spirituelle Praxis geben:

Selbstreflexion und Achtsamkeit sind grundlegende Praktiken auf dem spirituellen Weg, die es ermöglichen, eine tiefere Verbindung zu sich selbst zu entwickeln. Selbstreflexion beinhaltet das bewusste Nachdenken über unsere Gedanken, Emotionen und Handlungen, um ein tieferes Verständnis für unser inneres Wesen zu entwickeln. Dies kann durch regelmäßiges Journaling, Meditation oder einfach durch stille Kontemplation geschehen.
Achtsamkeit hingegen beinhaltet das bewusste Erleben des gegenwärtigen Moments ohne Urteil oder Bewertung. Dies kann durch Atemübungen, Körper-Scan-Meditationen oder das bewusste Essen praktiziert werden. Durch die Kombination von Selbstreflexion und Achtsamkeit können wir uns bewusster über unsere inneren Prozesse werden und uns auf

eine tiefere Ebene mit uns selbst verbinden.

In der heutigen hektischen Welt ist es für viele Menschen eine Herausforderung, innere Ruhe zu finden. Dennoch ist es wichtig, regelmäßig Zeit für Praktiken wie Meditation, Atemübungen und Achtsamkeit zu reservieren, um unsere innere Ruhe zu kultivieren. Meditation ist eine der effektivsten Techniken, um den Geist zu beruhigen und inneren Frieden zu finden. Es gibt verschiedene Arten von Meditation, darunter Achtsamkeitsmeditation, Transzendentale Meditation und Loving-Kindness-Meditation, die alle dazu beitragen können, den Geist zu beruhigen und Stress abzubauen. Atemübungen, wie zum Beispiel die 4-7-8-Technik, bei der man für vier Sekunden einatmet, sieben Sekunden den Atem anhält und für acht Sekunden ausatmet, können ebenfalls helfen, den Geist zu beruhigen und innere Ruhe zu finden. Durch regelmäßige Praxis können wir lernen, auch inmitten des Chaos des Lebens einen Zustand der inneren Ruhe aufrechtzuerhalten.

Die Verbindung zur Natur ist für viele Menschen eine Quelle der Inspiration,

Heilung und spirituellen Erneuerung. Die Natur bietet uns die Möglichkeit, uns mit etwas Größerem als uns selbst zu verbinden und die Schönheit und Harmonie des Universums zu erleben. Indem wir Zeit im Freien verbringen, sei es beim Wandern in den Bergen, beim Spazierengehen im Wald oder einfach nur beim Sitzen im Park, können wir uns mit der natürlichen Welt um uns herum verbinden und unsere eigene innere Natur erkunden. Wir können die Schönheit der Natur bewundern, die Vielfalt des Lebens schätzen und die tiefe Verbundenheit zwischen allen Lebewesen erkennen. Die Natur kann uns auch lehren, im Einklang mit den natürlichen Rhythmen des Lebens zu leben und uns daran erinnern, dass wir Teil eines größeren Ganzen sind.

Offenheit und Neugier sind entscheidende Eigenschaften auf dem spirituellen Weg, da sie es uns ermöglichen, neue Ideen, Lehren und Erfahrungen zu erkunden und zu integrieren. Spirituelles Wachstum geschieht oft durch die Öffnung des Geistes für neue Perspektiven und die Bereitschaft, alte Überzeugungen zu hinterfragen. Indem wir offen und neugierig bleiben, können wir neue Wege der spirituellen Praxis entdecken und unsere eigene Entwicklung fördern. Dies kann bedeuten, neue spirituelle Lehren zu studieren, an spirituellen Retreats teilzunehmen oder einfach nur mit anderen spirituellen Suchenden in Austausch zu treten. Die Bereitschaft, sich auf neue Erfahrungen einzulassen, kann uns dabei helfen, über unsere eigenen Grenzen hinauszuwachsen und unser spirituelles Potenzial voll auszuschöpfen.

Eine unterstützende Gemeinschaft von Gleichgesinnten kann eine unschätzbare Ressource auf dem spirituellen Weg sein. Durch den Austausch von Ideen, Erfahrungen und Unterstützung können wir uns gegenseitig auf unserem spirituellen Weg unterstützen und inspirieren. Dies kann in Form von spirituellen Gemeinschaften, Meditationsgruppen, Retreats oder einfach nur informellen Treffen mit anderen spirituellen Suchenden geschehen. Gemeinschaft bietet uns die Möglichkeit, uns gegenseitig zu unterstützen, zu ermutigen und zu inspirieren, und gibt uns das Gefühl, dass wir nicht allein auf unserem spirituellen Weg sind. Durch die Teilnahme an einer unterstützenden Gemeinschaft können wir uns auch gegenseitig halten und motivieren, wenn wir vor Herausforderungen stehen, und uns gegenseitig auf unserem Weg zum spirituellen Wachstum und zur Erleuchtung unterstützen.

Ethisches Handeln ist ein wichtiger Bestandteil jeder spirituellen Praxis, da es uns hilft, Mitgefühl, Großzügigkeit, Toleranz und Respekt gegenüber allen Lebewesen zu kultivieren. Indem wir nach ethischen Grundsätzen und Werten in unserem täglichen Leben leben, können wir unsere spirituelle Entwicklung unterstützen und vertiefen. Dies bedeutet, anderen mit Freundlichkeit und Respekt zu begegnen, Mitgefühl für alle Lebewesen zu empfinden und Verantwortung für unsere Handlungen zu übernehmen. Ethisches Handeln beinhaltet auch das Streben nach Gerechtigkeit, Frieden und Harmonie in der Welt und das Bemühen, zum Wohl aller Lebewesen beizutragen. Durch ethisches Handeln können wir unsere spirituelle Integrität bewahren und ein Leben führen, das von Liebe, Mitgefühl und Respekt geprägt ist.

Seelenpflege ist ein wichtiger Aspekt der spirituellen Praxis, der oft übersehen wird. Durch kreative Ausdrucksformen wie Kunst, Musik,

Tanz oder Schreiben können wir unsere innere Welt bereichern, unsere Emotionen ausdrücken und eine tiefere Verbindung zu unserem spirituellen Wesen herstellen. Diese Aktivitäten können uns dabei helfen, unsere Kreativität zu entfalten, unsere Selbstausdruckskraft zu stärken und unsere spirituelle Entwicklung zu fördern. Seelenpflege kann auch das Eintauchen in inspirierende Bücher, das Hören beruhigender Musik oder das Aufsuchen heiliger Orte umfassen, die uns mit einer höheren Realität verbinden und uns Frieden und Erleuchtung schenken. Indem wir uns regelmäßig Zeit für Seelenpflege nehmen, können wir unsere innere Welt nähren und pflegen und unsere spirituelle Entwicklung fördern.

Geduld und Ausdauer sind wichtige Tugenden auf dem spirituellen Weg, da spirituelles Wachstum oft langsam und schrittweise geschieht. Es ist wichtig, sich selbst die Zeit und den Raum zu geben, den man braucht, um zu wachsen und sich zu entwickeln, und nicht ungeduldig zu werden, wenn die Ergebnisse nicht sofort sichtbar sind. Spirituelle Praxis erfordert Hingabe, Ausdauer und einen langen Atem, da es oft viele Hindernisse und Herausforderungen auf dem Weg gibt.

Indem wir geduldig und beharrlich bleiben und uns nicht von Rückschlägen entmutigen lassen, können wir unsere spirituelle Entwicklung vorantreiben und uns unserem höheren Selbst näher bringen. Es ist wichtig, sich daran zu erinnern, dass der spirituelle Weg eine Reise ist, kein Ziel, und dass es um den Prozess des Wachsens und Lernens geht, nicht um die Ergebnisse.

Indem wir diese Ratschläge beherzigen und unsere eigene spirituelle Praxis mit Liebe, Hingabe und Integrität verfolgen, können wir eine tiefere Verbindung zu unserem inneren Selbst, zur Natur und zum Universum herstellen und ein Leben führen, das von Frieden, Freude und spiritueller Erfüllung geprägt ist. Möge unsere Reise voller Licht, Liebe und Erkenntnis sein.

Abschluss 2:

Bedeutung von Gemeinschaft und Unterstützung auf dem spirituellen Weg

Als Abschluss dieses Buches über die spirituelle Energie des Menschen ist es wichtig, die Bedeutung von Gemeinschaft und Unterstützung auf dem spirituellen Weg hervorzuheben.

Die Reise der spirituellen Entwicklung ist eine persönliche und tiefgreifende Erfahrung, die jedoch durch die Gemeinschaft und Unterstützung anderer bereichert wird. Gemeinschaft bietet uns einen Raum, in dem wir uns gegenseitig inspirieren, unterstützen und ermutigen können. Hier sind einige Gründe, warum Gemeinschaft und Unterstützung auf dem spirituellen Weg so wichtig sind:

Gegenseitige Unterstützung: In einer spirituellen Gemeinschaft finden wir Menschen, die uns auf unserem Weg unterstützen und ermutigen können. Sie teilen unsere Werte, Überzeugungen und Ziele und bieten uns eine unterstützende Umgebung, in der wir wachsen und gedeihen können.

Inspiration und Motivation: Gemeinschaft bietet uns Inspiration und Motivation, um unsere spirituelle Praxis fortzusetzen und unser volles Potenzial zu entfalten. Durch den Austausch von Erfahrungen, Einsichten und Geschichten können wir neue Perspektiven gewinnen und unsere eigene spirituelle Reise vertiefen.

Gemeinsames Lernen und Wachstum: In einer spirituellen Gemeinschaft können wir gemeinsam lernen und wachsen. Indem wir uns gegenseitig unterstützen und unsere Erfahrungen teilen, können wir voneinander lernen und uns weiterentwickeln. Wir können uns gegenseitig inspirieren, neue Wege zu erkunden und spirituelle Praktiken zu vertiefen.

Einheit und Verbundenheit: Gemeinschaft bietet uns ein Gefühl der Einheit und Verbundenheit mit anderen Menschen und dem Universum. Durch die Teilnahme an spirituellen Ritualen, Zeremonien und Feiern können wir ein tieferes Gefühl der Verbundenheit und Zugehörigkeit erfahren und erkennen, dass wir alle Teil eines größeren Ganzen sind.

Gemeinschaftliche Unterstützung in schwierigen Zeiten: In Zeiten der Herausforderung und des Wandels ist Gemeinschaft besonders wichtig. Spirituelle Gemeinschaften bieten Unterstützung, Trost und Geborgenheit in schwierigen Zeiten und helfen uns, durch Herausforderungen zu navigieren und gestärkt daraus hervorzugehen.

Insgesamt ist Gemeinschaft ein wesentlicher Bestandteil unserer spirituellen Reise. Indem wir uns mit anderen verbinden und unterstützen, können wir unser spirituelles Wachstum fördern, unsere Verbindung zu unserem inneren Selbst vertiefen und gemeinsam eine Welt des Friedens, der Liebe und der spirituellen Erfüllung erschaffen. Möge Gemeinschaft und Unterstützung auf Ihrem spirituellen Weg immer an Ihrer Seite sein.

Abschluss 3:

Hoffnung für eine spirituelle Evolution des Individuums und der Menschheit

Mit Abschluss dieses Buches über die spirituelle Energie des Menschen, möchte ich eine Botschaft der Hoffnung für eine spirituelle Evolution des Individuums und der Menschheit hinterlassen:

Wir leben in einer Zeit des Wandels und der Transformation, in der sich das Bewusstsein der Menschheit auf eine neue Ebene erhebt. Während wir mit Herausforderungen und Unsicherheiten konfrontiert sind, bietet uns die spirituelle Energie des Menschen die Möglichkeit zur inneren Transformation und zum Wachstum.

Jeder von uns trägt das Potenzial zur spirituellen Evolution in sich. Indem wir uns auf unsere innere Reise begeben, können wir unsere verborgenen Potenziale entfalten, unser Bewusstsein erweitern und eine tiefere Verbindung zu unserem inneren Selbst, zu anderen Menschen und zum Universum herstellen.

Durch spirituelle Praktiken wie Meditation, Achtsamkeit, Mitgefühl und Liebe können wir unser Herz öffnen, unsere Intuition stärken und ein Leben führen, das von Frieden, Freude und spiritueller Erfüllung geprägt ist.

Gemeinsam können wir eine Welt des Mitgefühls, der Großzügigkeit und des Respekts erschaffen, in der alle Lebewesen in Harmonie und Gleichheit leben. Möge unsere spirituelle Evolution uns dazu inspirieren, das Licht in uns selbst und anderen zu erkennen und eine Zukunft zu gestalten, die von Liebe, Weisheit und Einheit geprägt ist.

Möge jeder von uns seinen eigenen Weg der spirituellen Evolution finden und dazu beitragen, eine Welt des Friedens, der Liebe und des Bewusstseins zu erschaffen. Mögen wir gemeinsam die Reise der spirituellen Evolution antreten und eine Zukunft gestalten, die das höchste Potenzial des Menschen und der Menschheit verwirklicht.

In diesem Geiste der Hoffnung und des gemeinsamen Wachsens verabschieden wir uns von diesem Buch über die spirituelle Energie des Menschen. Möge es Sie auf Ihrer eigenen spirituellen Reise begleiten und Sie zu neuen Einsichten, Erkenntnissen und Erweckungen führen. Mögen Sie in jedem Augenblick die Präsenz der göttlichen Liebe und Weisheit spüren, die in Ihrem Herzen lebt und die Welt um Sie herum erhellt.Insgesamt zeigen diese gesellschaftlichen Veränderungen, dass die spirituelle Entwicklung eng mit den Herausforderungen und Möglichkeiten der modernen Welt verbunden ist. Während einige dieser Veränderungen Herausforderungen darstellen können, bieten sie auch Chancen für spirituelles Wachstum, persönliche Entwicklung und die Entfaltung eines tieferen Verständnisses von Spiritualität und menschlicher Existenz.Insgesamt haben technologische Entwicklungen sowohl positive als auch negative Auswirkungen auf spirituelle Praktiken. Während sie den Zugang zu spirituellen Ressourcen erleichtern und virtuelle Gemeinschaften ermöglichen, können sie auch zu digitaler Ablenkung, Überstimulation und Entfremdung von der Natur führen. Es ist wichtig, die Auswirkungen dieser Technologien auf unsere spirituelle Praxis zu erkennen und bewusst zu wählen, wie wir sie in unser Leben integrieren möchten, um ein Gleichgewicht zwischen der Nutzung moderner Technologie und unserer spirituellen Entwicklung zu finden.Es ist wichtig, dass Menschen, die spirituelle Praktiken ausüben oder sich in spirituellen Gemeinschaften engagieren, sich der Gefahren des Missbrauchs spiritueller Energie bewusst sind und sich aktiv dafür einsetzen, eine gesunde, unterstützende und ethische Umgebung zu schaffen. Indem wir uns für Transparenz, Offenheit und Rechenschaftspflicht einsetzen und ein Bewusstsein für die Dynamiken des Missbrauchs schaffen, können wir dazu beitragen, die spirituelle Gemeinschaft sicherer und heilsamer zu gestalten.Insgesamt erfordert der ethische Umgang mit spiritueller Macht ein tiefes Verständnis der universellen Ordnung, Integrität, Verantwortungsbewusstsein, Nichtanhaften und Mitgefühl. Indem wir diese ethischen Prinzipien in unsere spirituelle Praxis integrieren, können wir dazu beitragen, eine Welt des Friedens, der Liebe und des Wohlergehens für alle Lebewesen zu schaffen.Insgesamt ist die Suche nach spiritueller Erleuchtung und der Einheit mit dem Universum eine transformative Reise, die uns dazu einlädt, die tiefsten Geheimnisse unseres Seins zu erkunden und eine tiefere Verbindung zur Quelle des Lebens herzustellen. Durch die Hingabe an diesen Weg können wir ein Leben führen, das von einem tiefen Gefühl der Erfüllung, der Liebe und der spirituellen Verbundenheit geprägt ist.Diese spirituellen Praktiken bieten uns einen Weg, um unsere individuelle

Existenz in den größeren Kontext des Kosmos einzubetten und eine tiefere Verbindung zur universellen Lebenskraft zu erfahren. Durch die regelmäßige Praxis dieser Praktiken können wir unsere spirituelle Entwicklung fördern, unsere Bewusstwerdung erweitern und ein Leben in Harmonie, Liebe und spiritueller Erfüllung führen. Insgesamt ist die Erforschung der Beziehung zwischen individueller und kosmischer Energie ein faszinierendes Gebiet, das tiefgehende Einsichten in die Natur des Lebens und des Universums bieten kann. Durch die Integration von Wissenschaft, Spiritualität und persönlicher Erfahrung können wir ein umfassenderes Verständnis für die Dynamik der Energie im Kosmos entwickeln und neue Wege zur Förderung von Gesundheit, Wohlbefinden und spirituellem Wachstum erkunden.6.2 Erforschung der Beziehung zwischen individueller und kosmischer Energie 6.2 Erforschung der Beziehung zwischen individueller und kosmischer Energie Insgesamt bieten ausführliche Fallstudien zur Wirksamkeit spiritueller Heilung eine reichhaltige und fesselnde Darstellung individueller Heilungsprozesse und zeigen auf, wie spirituelle Praktiken dazu beitragen können, das Leben der Menschen positiv zu transformieren. Durch eine detaillierte Analyse dieser Fallstudien können wichtige Erkenntnisse gewonnen werden, die sowohl für die klinische Praxis als auch für die Weiterentwicklung und Integration spiritueller Heilung in das Gesundheitssystem von großem Nutzen sind.Insgesamt ist die spirituelle Heilung von emotionalen und psychischen Blockaden ein komplexer und tiefgehender Prozess, der uns dazu einlädt, uns selbst auf einer tieferen Ebene zu erkunden und zu transformieren. Indem wir uns bewusst mit unseren inneren Blockaden auseinandersetzen, können wir eine tiefere Verbindung zu unserer inneren spirituellen Essenz herstellen und ein Leben führen, das von Freiheit, Liebe und innerem Frieden geprägt ist.Insgesamt zeigt die Anwendung von spiritueller Energie zur körperlichen Heilung eine vielschichtige und reichhaltige Landschaft an Möglichkeiten, wie Menschen ihre Gesundheit und ihr Wohlbefinden auf ganzheitliche Weise fördern können. Es ist ein Gebiet, das tiefe Einsichten, persönliche Erfahrungen und offene Fragen miteinander verbindet und weiterhin erforscht und erkundet werden sollte. Indem wir die Kraft der spirituellen Energie in Verbindung mit anderen Heilmethoden und Lebensstiländerungen nutzen, können wir einen umfassenden Ansatz zur Förderung von Gesundheit und Wohlbefinden schaffen.Insgesamt bieten energetische Übungen zur Stärkung der spirituellen Verbindung eine Vielzahl von Werkzeugen und Praktiken, die es den Menschen ermöglichen, eine tiefere Verbindung zu ihrer inneren spirituellen Quelle herzustellen, das Bewusstsein zu erweitern und spirituelles Wachstum zu fördern. Durch regelmäßiges Praktizieren dieser Übungen können Praktizierende ein höheres Maß an Bewusstsein, Präsenz und spirituellem Wohlbefinden erreichen und ein erfüllteres Leben führen.4.3 Energetische Übungen zur Stärkung der spirituellen Verbindung 4.3 Energetische Übungen zur Stärkung der spirituellen Verbindung 4.3 Energetische Übungen zur Stärkung der spirituellen Verbindung Insgesamt spielt die Atemarbeit eine entscheidende Rolle in der Energiearbeit, indem sie eine kraftvolle Methode bietet, um das Bewusstsein zu erweitern, die Energie im Körper zu harmonisieren und zu aktivieren sowie eine tiefere Verbindung zu unserem inneren Selbst und der umgebenden Welt herzustellen. Durch die regelmäßige Praxis der Atemarbeit können Menschen einen Zustand innerer Ruhe, Klarheit und spiritueller Erfüllung erreichen und ihr Wohlbefinden auf allen Ebenen ihres Seins fördern.Die Erforschung energetischer Felder und ihre Beziehung zur spirituellen Energie bietet einen interdisziplinären Ansatz, der physikalische, biologische, spirituelle und alternative Heilmethoden integriert. Durch die Integration dieser verschiedenen Perspektiven können Forscher und Praktiker ein umfassendes Verständnis der subtilen Energien entwickeln, die das menschliche Bewusstsein und die Gesundheit beeinflussen können. Diese Forschung trägt dazu bei, die Verbindung zwischen Wissenschaft und Spiritualität zu erkennen und neue Wege für die Förderung von Gesundheit, Wohlbefinden und spirituellem Wachstum zu eröffnen.Insgesamt bietet die ausführliche Erforschung von Meditation und Bewusstsein ein reichhaltiges Verständnis der tiefgreifenden Auswirkungen meditativer Praktiken auf das menschliche Erleben. Diese Forschung trägt nicht nur zum wissenschaftlichen

Verständnis bei, sondern hat auch wichtige Anwendungen in der klinischen Praxis, der Gesundheitsförderung und der persönlichen Entwicklung. Sie zeigt das enorme Potenzial von Meditation zur Förderung von geistiger Gesundheit, spirituellem Wachstum und persönlichem Wohlbefinden auf.Insgesamt zeigen die ausführlichen psychologischen Aspekte von spirituellen Erfahrungen die komplexe und vielschichtige Beziehung zwischen Geist und Spiritualität auf. Durch die Erforschung dieser Aspekte können wir ein tieferes Verständnis für die menschliche Natur und das Streben nach spiritueller Erfüllung gewinnen und Möglichkeiten zur Förderung des psychischen Wohlbefindens und persönlichen Wachstums erkennen.Insgesamt spielt naturverbundene Spiritualität eine bedeutsame Rolle in der Energiearbeit, da sie den Menschen dazu ermutigt, eine tiefe Verbindung zur natürlichen Welt herzustellen und spirituelle Kraft und Heilung aus der Natur zu schöpfen. Diese Praxis fördert ein ganzheitliches Verständnis von Gesundheit und Wohlbefinden, das Körper, Geist und Seele in Einklang mit den natürlichen Rhythmen und Energien des Lebens bringt.Diese philosophischen Ansätze bieten verschiedene, aber oft miteinander

verbundene Perspektiven auf die Natur und Bedeutung von spiritueller Energie. Sie laden dazu ein, über die Grundlagen des Seins, des Bewusstseins und der Existenz nachzudenken und bieten Inspiration für weiterführende Diskussionen und Untersuchungen in Bereichen wie Metaphysik, Ethik und Spiritualität.Insgesamt haben Religionen einen bedeutenden Einfluss auf die Wahrnehmung und den Umgang mit spiritueller Energie. Sie bieten einen umfassenden Rahmen für spirituelle Praktiken, interpretieren spirituelle Erfahrungen, schaffen Symbole und Rituale, kultivieren Gemeinschaft und Ethik und vermitteln spirituelle Lehren. Durch diese vielfältigen Einflüsse prägen Religionen die spirituelle Landschaft und beeinflussen das individuelle und kollektive Verständnis von spiritueller Energie auf tiefgreifende und komplexe Weise. Insgesamt waren spirituelle Praktiken ein grundlegendes Element des Lebens in frühen menschlichen Kulturen und prägten ihre Identität, ihre Weltanschauung und ihre Beziehung zur Welt um sie herum. Sie spiegeln das tiefe Bedürfnis des Menschen wider, sich mit dem Göttlichen, der Natur und der spirituellen Dimension des Lebens zu verbinden, und legten den Grundstein für die Entwicklung verschiedener religiöser und spiritueller Traditionen, die bis heute weiterleben. Insgesamt ist die Bedeutung von spiritueller Energie für das menschliche Leben nicht zu unterschätzen. Sie ist eine Quelle der Inspiration, des Wachstums und der Heilung, die es uns ermöglicht, ein erfülltes und bedeutungsvolles Leben zu führen. Indem wir uns mit dieser Energie verbinden und sie in unser Leben integrieren, können wir ein tieferes Gefühl der Verbundenheit, des Friedens und der Erfüllung erfahren.Insgesamt sind die Manifestationen von spiritueller Energie äußerst vielfältig und einzigartig für jeden Einzelnen. Sie können im Laufe der Zeit und durch spirituelle Praxis weiterentwickelt und verfeinert werden. Durch bewusste Praktiken wie Meditation, Gebet, Yoga und andere Formen der Energiearbeit können Menschen lernen, sich mit dieser Energie zu verbinden und sie in ihr Leben zu integrieren, um ein tieferes Gefühl der Verbundenheit, des Friedens und der Erfüllung zu erfahren.

www.ingramcontent.com/pod-product-compliance
Lightning Source LLC
Chambersburg PA
CBHW052153220526
45471CB00004B/1654